Manual de Climatización y ventilación

Instalaciones, equipos y montaje

TOMO 1

Ingeniero Miguel D'Addario

Primera edición

Comunidad Europea

2017

ISBN-13: 978-1978429345
ISBN-10: 1978429347

CONTENIDO

TOMO 1

U.D. 1 REPASO DE UNIDADES Y MAGNITUDES FÍSICAS RELACIONADAS CON LA CLIMATIZACIÓN Y VENTILACIÓN

ÍNDICE

INTRODUCCIÓN

Para el estudio del presente módulo se hace necesario tener ciertos conocimientos como base de partida; esta unidad didáctica hace un repaso de los conocimientos de física y matemáticas adquiridos en cursos anteriores.

OBJETIVOS

El alumno, al final de está unidad didáctica, conocerá las magnitudes físicas que trataremos relacionadas con la climatización; son principalmente las siguientes:

- Temperatura: °C, °F, °K
- Energía: Julios, CV, Calorías.
- Potencia, Rendimiento.
- Presión: Pascales, Kg/cm^2, Bar, mmHg, mm.c.a
- Caudal: L/s, m^3/h
- Parámetros de la corriente eléctrica: Intensidad, Voltaje, Potencia eléctrica.

Conceptos de la geometría necesaria para el estudio del presente módulo:

- Longitud de la circunferencia.
- Perímetro de secciones básicas.
- Sección de círculo, rectángulo, trapecio, etc.
- Cálculo de superficies irregulares y volúmenes.
- Fórmulas de utilidad.

1. LA TEMPERATURA

Físicamente, la temperatura de un cuerpo no es más que el nivel de vibración de sus moléculas; cuanto más vibran, más caliente está el cuerpo, y más energía calorífica tiene. A nivel sensorial todos somos capaces de distinguir si un cuerpo está más caliente que otro, es decir podemos apreciar su temperatura relativa respecto a la de nuestro cuerpo.

La temperatura se mide con las unidades siguientes:

- Escala de grados Celsius o Centígrados con los puntos de referencia siguientes:
  - 0° C: congelación de agua a presión atmosférica.
  - 100° C: ebullición del agua a presión atmosférica.
- A nivel científico se utilizan los grados Kelvin:
  - 273° K: congelación del agua.
  - 373° K: ebullición del agua.
- Los países anglosajones utilizan grados Fahrengeiht:
  - 32° F: congelación de agua a presión atmosférica.
  - 212° F (32 + 180): ebullición del agua a presión atmosférica.

Para convertir grados de una unidad a otra recordemos las fórmulas:

Para pasar de grados F a C se utiliza:

$$^\circ C = \frac{(^\circ F - 32) \times 100}{180}$$

Para pasar de grados C a F se utiliza:

$$^\circ F = \frac{^\circ C \times 180}{100} + 32$$

Por ejemplo:

Si la temperatura es de 30° C, en grados Fahrengeiht: será de 86° F.

Como vemos, la temperatura en ° F siempre es un valor superior a ° C.
Los grados K son similares a los ° C, pero sumándoles 273.
100° C = 373° K

El aparato que mide la temperatura se denomina *Termómetro.*

Los termómetros se construyen en diferentes formas comerciales según su uso:

Termómetros de cristal con mercurio

Consisten en un tubo de cristal cuyo interior se llena con mercurio, el cual se dilata o contrae con la temperatura. Son muy precisos y fiables, pero de respuesta lenta.

Termómetro de mercurio

Termómetros de reloj con bimetal

Consisten en dos metales distintos unidos por la punta, de forma que al calentarse o enfriarse, y dilatar una longitud diferente, se tuerce el conjunto hacia un lado. Mediante unas palancas se amplifica este movimiento y se lleva a una aguja indicadora. Se usan mucho en instalaciones con líquidos, calefacción y agua caliente. No son muy precisos, pero son económicos, y de visualización rápida.

Termómetros con sonda a distancia por termopar

El termopar es una pequeña soldadura de dos metales distintos que tiene la propiedad de producir una pequeña tensión eléctrica (mV) al cambiar la temperatura. Esta tensión se amplifica y se lleva a una escala graduada. Son muy utilizados en instrumentos portátiles y en sondas de temperatura de equipos, por su rapidez y precisión.

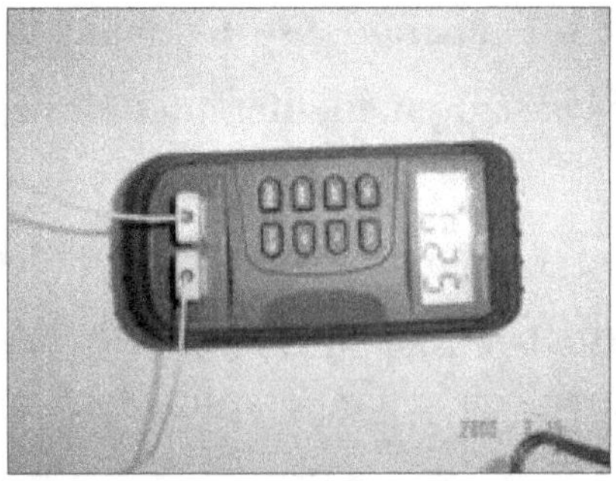

Termómetro con termopar

Termómetros sin contacto por radiación

Miden la temperatura con la radiación que emite todo cuerpo caliente (como el fuego). Alcanzan poca distancia (1 m), y son muy rápidos, pero poco precisos. Actualmente son muy utilizados en procesos de mantenimiento para medir partes de una máquina en funcionamiento, sin riesgos para el operador.

Termómetro por infrarrojos

2. EL CALOR O ENERGÍA CALORÍFICA

Es frecuente confundir el calor con la temperatura entre las personas sin conocimientos técnicos, o asociar el calor con una temperatura elevada.

El calor es la energía que posee un cuerpo debida a su temperatura.

El calor es la energía que fluye de un cuerpo caliente a uno frío, es decir del cuerpo de mayor temperatura al de menor. Las moléculas vibrantes del cuerpo caliente activan con sus choques a las del cuerpo frío, calentándolo, es decir, **trasmitiéndole** calor.

A nivel práctico podemos equiparar la temperatura como el nivel del agua de un recipiente. El agua siempre discurre de un nivel alto a uno bajo. El caudal de agua sería el calor, y la temperatura el nivel del agua, de forma que las calorías fluyen de un cuerpo caliente a uno más frío.

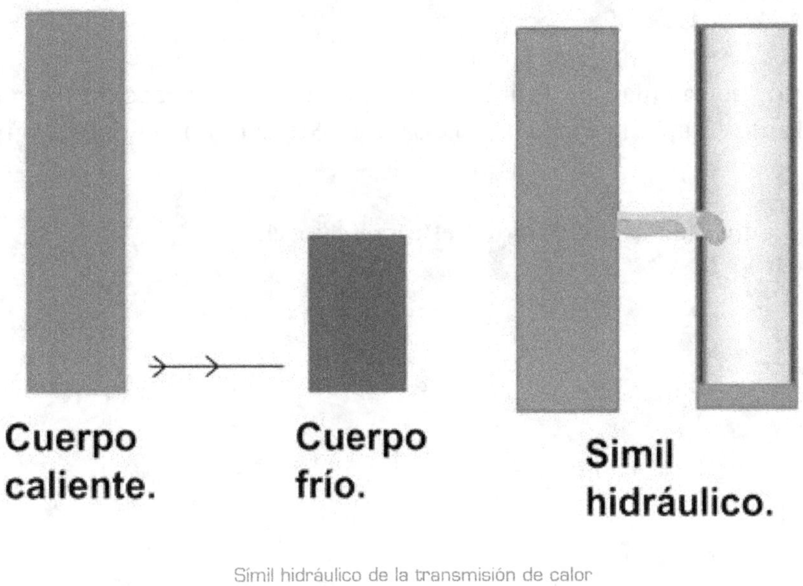

Símil hidráulico de la transmisión de calor

La unidad de medida del calor es la caloría, que se define como:

La cantidad de calor necesaria para elevar un grado Centígrado un gramo de agua.

Al ser una unidad tan pequeña, se suele usar la Kcal (kilo caloría) igual a 1.000 calorías.

Una Kcal es, por lo tanto, el calor necesario para elevar un grado Centígrado un kilogramo de agua, o un 1 Litro de agua.

Por ejemplo, para calentar 1 m³ de agua de 15° C a 60° C, la cantidad de calor necesaria será:

1000 kg de agua x (60 – 15) = 1000 x 45 = 45.000 Kcal.

Como el calor es una energía, también se mide en Julios, que es la unidad del sistema Internacional, y los países anglosajones utilizan la BTU (British Termal Unit).

Las equivalencias son:

1 caloría = 4,186 Julios.

1 Kcal. = 0,00396 BTU

1 BTU = 253 Kcal

Cuando se calculan pérdidas de calor, es decir la extracción de calor mediante equipos frigoríficos, a la Caloría se le denomina Frigoría (Frg).

A todos los efectos una Frigoría es una Kcaloría.

Ejemplo:

Calcular las Frigorías necesarias para enfriar 20 kg de aire de 36° C a 30° C

$Q = M \times Ce \times (t_2 - t_1) = 20 \times 0{,}24 \times (36 - 30) = 28{,}8$ Frigorías.

2.1. Modos de transmisión del calor

El calor se transmite de tres maneras:

- **Conducción**: cuando hay un contacto directo entre dos cuerpos. Por ejemplo, al tocar un objeto caliente o frío.
- **Radiación**: calentamiento a distancia. Por ejemplo, el calor del sol, o el que desprende el fuego o una estufa se transmite sin contacto, pero podemos sentir el calentamiento a una cierta distancia.

- **Convección**: el calor es transportado por un fluido que se calienta y se desplaza hasta tocar el otro cuerpo. Por ejemplo, el secador de pelo, o una estufa tipo convector.

En climatización se utiliza principalmente el sistema de convección, ya que normalmente se utilizan fluidos en casi todos los equipos.

2.2. Calor latente

Para hacer hervir agua es necesario aportar mucho calor. Podemos comprobarlo en casa, colocando un cazo con agua al fuego, y muy pronto vemos cómo elevamos su temperatura hasta el punto de ebullición (100° C); pero cuando se pone a hervir, precisa mucho tiempo para evaporarse totalmente, y además, mientras hierve, la temperatura se mantiene en 100° C, por mucho o poco fuego que le proporcionemos.

Este fenómeno aparece cuando un cuerpo **cambia de estado** (líquido, sólido o vapor).

Cuando el agua pasa de líquido a vapor precisa una cantidad grande de energía que denominamos calor latente de vaporización, que en el caso del agua es de 540 Kcal por cada kg que se evapora. Es decir, para elevar el agua de 0 a 100° C, precisamos 100 kcal/kg, y para que cada kg de agua se evapora, 540 Kcal. Kcal.

Gráfico temperatura- calor absorbido- cambio de estado

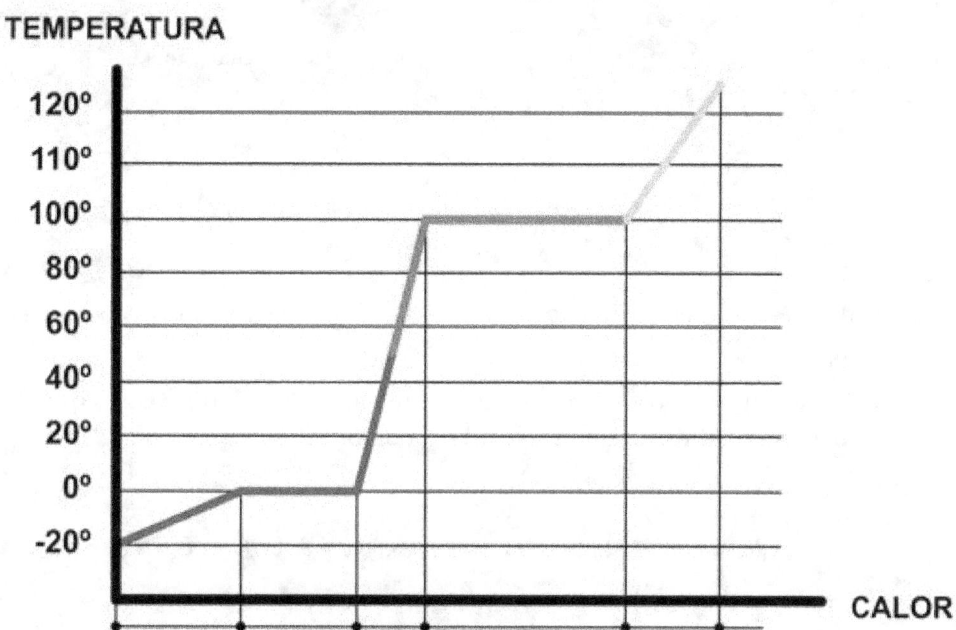

Por otra parte, para que el vapor de agua pase a líquido, es decir se **condense**, libera la misma cantidad de energía (540 Kcal/kg). El vapor de agua caliente mucho al condensarse (podemos apreciarlo cuando en una cafetería nos calientan un vaso de leche con vapor, cómo en unos segundos calientan la leche, mediante el calor latente del vapor de agua).

El calor latente lo calculamos con la fórmula:

$$Q_{L\ [Kcal]} = M_{[Kg]} \times C_{L\ [Kcal/Kg]}$$

C_L es el factor de calor latente, en Kcal/kg.

Cada material tiene un factor de calor latente propio. Otro factor latente es el de solidificación/fusión; es decir, para pasar de fase líquida a sólida y viceversa (agua/hielo), que es distinto del de vaporización.

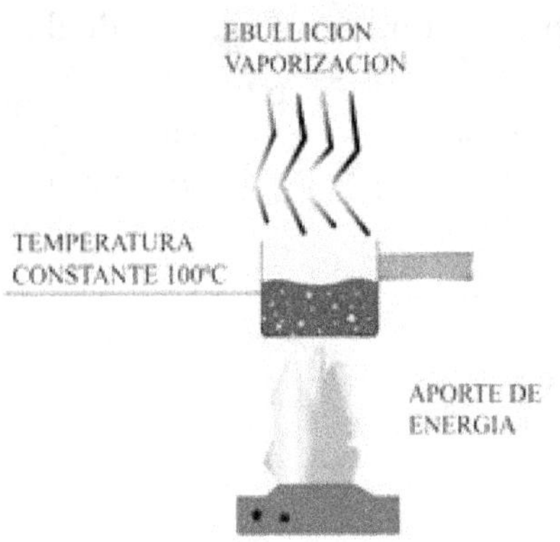

Posibles cambios de estado

2.3. Calor sensible

Calor sensible es el que toman o ceden los cuerpos para cambiar su temperatura.

Cuando un cuerpo cambia de temperatura, la cantidad de calor que ha tomado o perdido se calcula con la ecuación:

$$Q_{s\ [Kcal]} = M_{[Kg]} \times C_{e\ [Kcal/Kg.^{o}C]} \times (t_2 - t_1)_{[^{o}C]}$$

Siendo:

Q = calor en Kcal.

M = masa en kg

C_e = Calor específico en kcal/kg/°C

$t_2 - t_1$= Temperaturas inicial, final en °C

El factor C_e es un factor que depende de cada material.

Valores de C_e: Agua = 1; Aire= 0,24; Aceite= 0,29; Acero= 0,12.

3. LA POTENCIA CALORÍFICA

La potencia sabemos que es la cantidad de energía que se transmite por unidad de tiempo.

$$\text{Potencia} = \frac{\text{Energía}}{\text{Tiempo}}$$

La potencia de una máquina nos indica su capacidad para producir trabajo. Si una máquina es más potente que otra, realiza el mismo trabajo en menos tiempo.

Por ejemplo: para ir de casa al colegio hace falta una cantidad de energía. Si tenemos dos motos, una más potente que otra, ¿con cuál llegaremos antes?

La moto de más potencia realiza el mismo trabajo (la energía) en menos tiempo.

La potencia en el sistema internacional se mide en Watios.

$$1 \text{ Watio} = \frac{1 \text{ Julio}}{1 \text{ Segundo}}$$

La energía calorífica se puede medir en Watios o en Kilocalorías/hora.

La Kcal/h es la potencia de una máquina capaz de mover 1.000 calorías durante una hora de trabajo. Es la unidad más frecuente en climatización, aunque en la actualidad se tiende a utilizar cada vez más el Watio, por unificar todas las unidades al sistema internacional.

Por ejemplo: calcular la potencia de una llama capaz de calentar un recipiente de 100 L de agua de 20 a 60° en 2 horas:

Energía necesaria: $M \times C_e \times (t_2 - t_1) = 100 \times 1 \times (60 - 20) = 4.000$ Kcal.

Potencia = Energía / tiempo = 4.000 Kcal / 2 horas = 2.000 kcal/h

La conversión más frecuente que realizaremos durante el curso es la de pasar de Kcal/hora a Watios y viceversa, ya que hay numerosos catálogos y hojas de características que utilizan indistintamente Watios y Kcal/h, y debemos saber realizar la conversión sin consultar.

1 Watio = 0,86 Kcal/hora

1 Kcal/hora = 1,16 Watios

Para pasar de Kcal/h a W, multiplicamos por 1,16.

Para pasar de W a Kcal/h multiplicamos por 0,86.

Recuerda que una misma potencia expresada en Watios es un valor superior al de Kcal/h. 3000 Kcal/h = 3.480 Watios.

Otra unidad utilizada ampliamente es el BTU/hora, que es mayor que la Kcal/h. Si:

1 BTU = 253 Kcal.

1 BTU/h = 253 Kcal/h

Muchos modelos de climatizadores utilizan las siglas ..12.. para referirse a un equipo de 3.000 Kcal/h de potencia (12 BTU/h).

Los valores de potencias en equipos climatizadores más encontrados en el mercado son los de la tabla siguiente:

BTU/h	Kcal/h
7	1900
9	2200
12	3000
18	4500
24	6000
32	8000
36	9000
40	10000
48	12000

Del mismo modo, las necesidades de calor o frío de un local, es decir la potencia necesaria para climatizarlo, se expresan en W o Kcal/h.

Esta conversión W a Kcal/h es fundamental para la práctica diaria en climatización, y por ello deberemos memorizarla.

4. RENDIMIENTO

El rendimiento es la relación entre la potencia útil o aprovechable por nosotros, y la que absorbe la máquina.

$$\text{Rendimiento} = \frac{\text{Potencia Util.}}{\text{Potencia Absorbida por la máquina}}$$

El rendimiento se simboliza con la letra μ(mu), y nos indica el tanto por ciento de energía que se aprovecha, es decir no indica si la máquina es adecuada al trabajo que realiza.

El rendimiento es un valor entre 0 y 1. Una máquina muy eficiente tiene un rendimiento cercano a 1 (por ejemplo $\mu = 0{,}95$). Una máquina poco eficiente tiene un rendimiento bajo ($\mu = 0{,}4$).

El rendimiento se indica a veces en tanto por ciento, que lo mismo que en rendimiento simplemente multiplicado por 100.

Por ejemplo: si una caldera rinde 30.000 W de potencia, y consume 34.000 W de energía eléctrica, su rendimiento será de: 30.000 / 34.000 = 0,88 ó del 88%

Por ejemplo, si para ir al colegio utilizamos un camión, tendremos un rendimiento inferior que si vamos con un ciclomotor, pues el camión consume más combustible que el ciclomotor para el mismo trayecto.

En equipos de climatización la potencia calorífica útil es mayor que la eléctrica suministrada al equipo, ya que a la potencia útil se le suma la energía tomada del exterior. A este rendimiento se le denomina **Coeficiente de prestaciones COP**, y su valor suele oscilar entre 2 y 4.

5. PRESIÓN

La presión es la relación entre una fuerza y la superficie de aplicación de la misma.

$$\text{Presión} = \frac{\text{Fuerza}}{\text{Superficie}}$$

Si apretamos un taco de acero contra un trozo de carne, ésta se apretará un poco, pero si la apretamos con un cuchillo, con la misma fuerza, la partiremos.

Siendo la fuerza la misma, en el segundo caso la presión que recibe la carne es mucho mayor, dado que la superficie de contacto es muy pequeña.

$$\text{Presión} = 10\ \text{N} / 0{,}000005\ \text{m}^2 = 2.000.000\ \text{N/m}^2$$

Podemos imaginar la presión como el sufrimiento del material debido a las fuerzas que se le aplican. Si la presión es muy grande, el material puede deformarse o romperse. Si la presión es pequeña, resiste sin deformarse.

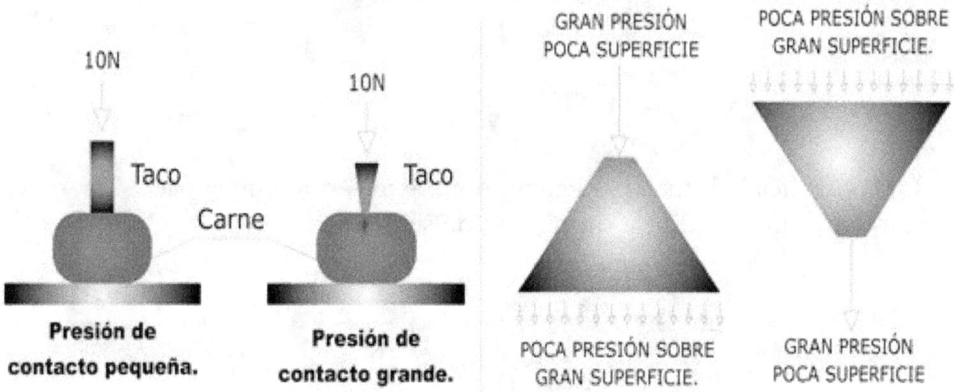

Presión – superficie

Por el mismo concepto, si tenemos una presión pequeña, pero la superficie es grande, la fuerza resultante puede ser muy peligrosa.

El concepto de presión es muy importante en Climatización, y las unidades son muy variadas, pero utilizaremos normalmente las siguientes:

- Pascal = 1 Newton / metro cuadrado. Símbolo Pa.
- Kp/cm^2 (o kg/cm^2) = Kilopondio / centímetro cuadrado.

- Metro de columna de agua m.c.a.
- Milímetro de columna de agua mm.c.a.
- Milímetros de mercurio mm.hg.
- Bar y milibar = 0,001 Bar.

Puente de manómetros

En la práctica habitual, para cuando no se necesita mucha precisión, es muy corriente realizar la simplificación siguiente:

1 kp/cm² = 1 Atmósfera = 1 bar = 100 kPa

1 kg/cm² = 10 m.c.a.

En la tabla siguiente se pueden encontrar las equivalencias exactas entre las unidades de presión mencionadas.

	Kpa.	Kg/cm²	m.c.a.	Psi.	mm.hg	Atm.
Kpa.	———	0,0102	0,00102	0,149	7,36	0,00987
kg/cm²	102	– ———	10	14,7	736	0,968
m.c.a.	98,1	0,1	———	1,49	73,6	0,0968
Psi.	6,8	0,068	0,68	———	50	14,7
mm.hg	0,133	0,00136	0,00136	0,0199	———	760
Atm.	101,3	1,033	10,33	15,18	736	———

Unidades de presión Anglosajonas

En equipos fabricados en países anglosajones se utilizan otras unidades de presión, de manera que deberemos saber la conversión a unidades del sistema internacional para poder realizar de forma conveniente su mantenimiento.

Libras por pulgada cuadrada o PSI. Muchos manómetros o instrucciones de equipos indican las presiones en psi.

1 Libra = aproximadamente 0,5 kg.

1 Pulgada = 25,4 mm.

1 kp/cm² = 14,7 psi.

Es preciso memorizar las conversiones prácticas siguientes:

Para pasar de psi a kp/cm² debemos de dividir por 15.

Para pasar de KPa a kp/cm² o bar, dividimos por 100.

1 kg/cm² equivale a 10 m.c.a.

1 Pulgada = 25,4 mm.

En resumen:

La presión de los equipos frigoríficos se suele expresar en KPa ó kp/cm².

La presión de ventiladores o conductos de aire en mm.c.a. ó mbares.

La presión en tuberías de agua en Bar ó kg/cm².

El aparato que mide la presión se denomina **Manómetro**, y suele ser una esfera parecida a los termómetros. Tiene un tubo muy fino que conecta con el recipiente cuya presión queremos medir. La presión empuja un fuelle, que está conectado con la aguja indicadora.

También hay manómetros con indicación digital.

6. EL VACÍO

El concepto de vacío es también fundamental en los equipos frigoríficos.

Por vacío se entiende presiones inferiores a la atmosférica, que es de 1.013 mbar o 760 mm.hg

Significa que extraemos la casi totalidad del aire de un recipiente, aunque es imposible sacar todo el aire por completo.

El vacío se mide de varias formas:

- En milímetros de mercurio (mm.hg), de 0 a 760.
- En milibares, de 0 a 1000.
- Psi de vacío de 0 a 30. (cada psi de vacío vale la mitad).

Los manómetros suelen medir presiones relativas, es decir el cero es la presión atmosférica, pero algunos indican presiones absolutas, siendo 1 la presión atmosférica; por ello hay que tener cuidado con las sus indicaciones, pues nos puede llevar a errores de 1 bar.

En las instalaciones frigoríficas se deben mantener siempre presiones superiores a la atmosférica, para evitar la entrada del aire ambiente en el circuito y evitar su contaminación.

El aparato que mide el vacío también se le denomina **Vacuómetro**. Y es un manómetro con la escala de 0 a 1 atm.

Vacuómetro

Bomba de vacio

Para realizar el vacío en una instalación ésta debe estar completamente cerrada, y conectarle una bomba de vacío, que es un aparato que aspira todos los gases del interior del circuito.

7. EL CAUDAL

El caudal nos indica el volumen de un fluido que circula por unidad de tiempo, es decir la cantidad de líquido o de gas que está pasando por un conducto o tubería.

El caudal de un líquido o gas se mide normalmente en Litros por segundo (L/s), o metros cúbicos por hora (m^3/h).

Vemos que es la relación entre un volumen y el tiempo:

$$\text{Caudal} = \frac{\text{Volumen}}{\text{Tiempo}}$$

Muchas veces no conocemos el volumen, pero sí sabemos la velocidad del fluido y la sección (área) del conducto, y entonces podemos calcular el caudal mediante la fórmula:

$$\text{Caudal} = \text{Sección interior} \times \text{Velocidad del fluido}$$

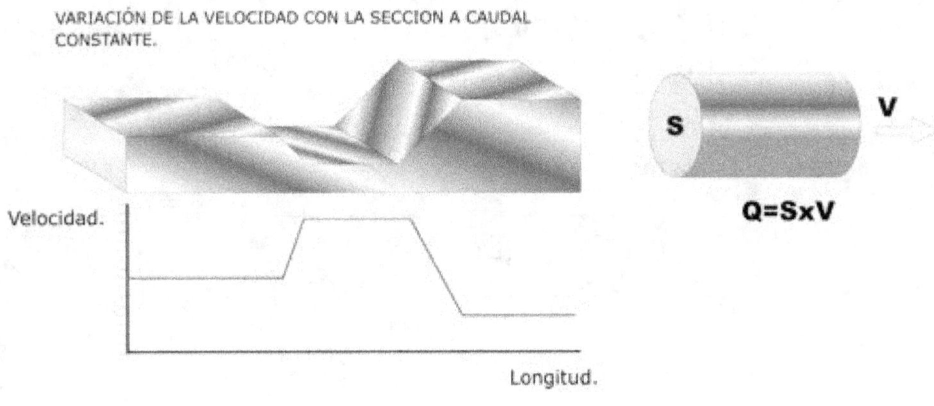

Velocidad en conductos de aire

La sección de un conducto es su superficie interior, perpendicular al sentido de circulación, que medimos en m^2 ó cm^2. Recordemos que para pasar de cm^2 a m^2 debemos de dividir por 10.000.

Por ejemplo:

Calcular el caudal de agua que circula por una tubería de 20 cm de diámetro, sabiendo que la velocidad del agua es de 2 m/s:

Sección del tubo de 0,2 m de diámetro.

$S = \pi \times D^2 / 4 = 3,14 \times 0,2^2 / 4 = 0,0315\ m^2$

El caudal será:

$Q = S \times V = 0,0315\ m^2 \times 2\ m/s = 0,06\ m^3/s = 60\ L/s.$

Para medir el caudal se utilizan aparatos denominados **caudalímetros**. El contador de agua y gas de nuestra vivienda es un caudalímetro, ya que nos indica el volumen de agua o gas que hemos consumido.

Pero en Climatización generalmente no podemos medir el directamente el caudal de una tubería o conducto de aire, sino que medimos la velocidad del fluido, la sección interior del conducto, y calculamos el caudal circulante mediante la fórmula anterior.

La velocidad de circulación de un gas la medimos con un **anemómetro**, y la de un líquido con un molinete o Venturi, normalmente en metros/segundo (los metros que recorre en un segundo).

Hay que tener cuidado con las unidades:

$$Q\ [m^3/s] = V\ [m/s] \times S\ [m^2]$$
$$Q\ [m^3/h] = V\ [m/s] \times S\ [m^2] \times 3.600$$

Para pasar de L/s a m^3/h se utiliza:

$$Q\ [m^3/h] = Q\ [L/s] \times 3.600/1.000$$

$$1\ L/s = 3,6\ m^3/h$$

Fórmulas para calcular las secciones usuales de conducciones

Área

Para calcular **secciones circulares** de tuberías utilizamos la expresión:

$$\text{Sección} = \pi \times \frac{D^2}{4}$$

Siendo D = diámetro interior.

Para **secciones rectangulares**:

$$\text{Sección} = A \times B$$

Siendo A y B = lados interiores.

También podemos calcular el caudal que circula por un conducto mediante tablas conociendo el diámetro y la velocidad. (Ver tabla al final del tema)

Perímetro

Es la longitud total del contorno de un conducto:

Para conductos circulares: $P = \pi \times D$

Para conductos rectangulares: $P = 2 \times (A + B)$

Medida de velocidades en conductos

Para tomar medidas de caudal debemos proceder de la forma siguiente:

- En conductos circulares, tomar cuatro medidas: centro, 1/4 del radio, 1/2 del radio, 3/4 del radio.
- En conductos rectangulares tomar al menos 6 medidas, tres arriba y tres abajo.
- En rejilla medir la velocidad a unos 10 cm de la boca en 4 puntos distintos.
- En difusores circulares, tomar la lectura tocando el difusor en cada anillo.

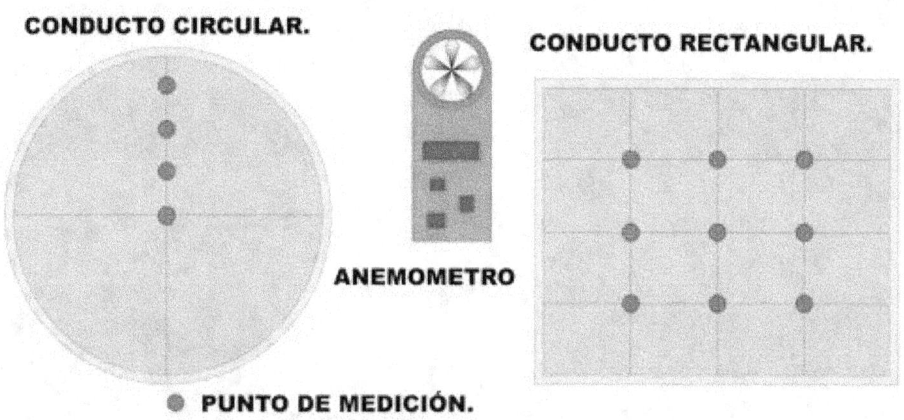

Medición de velocidad

En medidas de flujo horizontal de aire, colocarse a un lado, y mantener el molinete más elevado que la mano, y en medidas de flujo vertical, colocar el molinete horizontal, de forma que la mano, o nuestro cuerpo, no perturbe el flujo de aire y modifique la medición. En todos los casos, sacar la media aritmética de todas las mediciones.

$$X_{medio} = (X_1 + X_2 + X_3 + \dots + X_n) / n$$

8. MAGNITUDES ELÉCTRICAS

Las magnitudes eléctricas mínimas que hay que conocer para las instalaciones de Climatización son las siguientes:

- **Tensión**, también llamada Voltaje, que es la diferencia de potencial entre dos conductores. Se mide en Voltios. El aparato de medida se denomina voltímetro. Para medir lo conectaremos a dos conductores del circuito.
- **Intensidad aparente**, o cantidad de corriente que circula. Se mide en amperios. El aparato de llama amperímetro (pinzas amperimétricas). Se suele medir haciendo pasar el conductor por dentro de la pinza.
- **Tipo de corriente**: contínua o alterna. Monofásica o trifásica.

  La tensión eficaz usual en la red de distribución europea es de 400 Voltios entre fases, y 230 entre fase y neutro.
- **Factor de potencia o cos φ**: nos indica la parte de intensidad activa del total medido o aparente que utiliza el motor. Su valor suele ser entre 0.8 y 0,9.
- **Potencia eléctrica**: se mide en Watios o Kilowatios (1.000 Watios).

Para calcular la potencia absorbida por un receptor se utiliza la fórmula:

Watios = V (tensión en voltios) x I (intensidad en Amperios) x cos φ

Si el receptor es trifásico:

Watios = V (entre fases) x I (Amp) x $\sqrt{3}$ x cos φ

8.1. Placas de características de motores y equipos

Todos los receptores eléctricos llevan una placa donde se indica el tipo de corriente que precisa, la tensión e intensidad nominal y máxima.

Clase II, 400V 50Hz
3.750 W
In = 6,77 A, Cos φ 0,85

En motores antiguos se indicaba la potencia en caballos (CV o HP). Recordemos que un CV son 736 Watios:

1 CV = 736 Watios

1 CV = 0,736 KW

Los motores hasta 2 KW suelen ser monofásicos, a partir de esta potencia suelen ser trifásicos.

En circuitos de control de los equipos de climatización es frecuente utilizar corriente continua a 12 ó 24 Voltios, que se consigue mediante un pequeño transformador de tensión. Hay que tener precaución de no conectar la tensión de línea a conductores de control, pues suele quemarse la placa electrónica del equipo.

8.2. Conexión de equipos a la red de alimentación

Se llama "Línea" o "Alimentación eléctrica" al conjunto de conductores que suministra corriente desde la red a una máquina eléctrica o receptor.

Las líneas usuales en instalaciones pueden ser:

Monofásicas

Tensión 230 V.

Frecuencia: 50 Hz.

Conductores:

1 de Fase, color normalmente **marrón**. Símbolo "L" (Line).

1 de neutro, color **azul**. Símbolo "N" (Neutral).

1 de protección denominado "Tierra", color **verde-amarillo**. Símbolo "T" o "G".

Trifásicas

Tensión 400 V. (En grandes potencias 700 o 1000 V).

Frecuencia: 50 Hz.

Conductores:

3 de Fase, colores **marrón**, **gris** y **negro**. Símbolo R, S y T.

1 de neutro, color **azul**. Símbolo N.

1 de protección denominado "Tierra", color **verde-amarillo**. Símbolo "T" o "G".

Para conectar un receptor monofásico 230V a una línea trifásica 400V, deberemos conectar:

Neutro con neutro (color azul).

Fase con una de las fases de línea (marrón, gris o negro).

Si conectamos un receptor a una tensión mayor de la de diseño, es decir 400V donde se precisan 230V, con toda seguridad resultará dañado.

8.3. Medidas eléctricas

La tensión compuesta de la red la medimos con un voltímetro pinchando con las dos puntas dos conductores activos de la misma.

La intensidad la medimos con un Amperímetro, normalmente de pinza toroidal, separando uno de los conductores y midiendo:

- En líneas monofásicas la fase o el neutro.
- En líneas trifásicas, una de las fases.

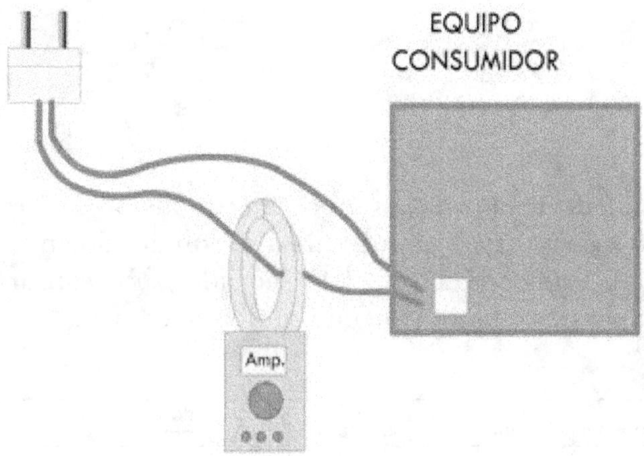

Medición de la intensidad de corriente

8.4. Líneas de alimentación a equipos

Para conectar equipos climatizadores a una red eléctrica, deberemos dimensionar el conductor para que soporte la intensidad máxima del equipo.

La tabla siguiente nos indica el conductor mínimo a seleccionar según nos indica el vigente Reglamente Electrotécnico para Baja Tensión, según el tipo de colocación, y el número de cables.

		1	2	3	4	5	6	7	8	9	10	11
A	Conductores aislados en tubos empotrados en paredes aislantes		3x PVC	2x PVC		3x XLPE o EPR	2x XLPE o EPR					
A2	Cables multiconductores en tubos empotrados en paredes aislantes	3x PVC	2x PVC		3x XLPE o EPR	2x XLPE o EPR						
B	Conductores aislados en tubos[2] en montaje superficial o empotrados en obra				3x PVC	2x PVC			3x XLPE o EPR	2x XLPE o EPR		
B2	Cables multiconductores en tubos[2] en montaje superficial o empotrados en obra			3x PVC	2x PVC		3x XLPE o EPR		2x XLPE o EPR			
C	Cables multiconductores directamente sobre la pared[3]					3x PVC	2x PVC		3x XLPE o EPR	2x XLPE o EPR		
E	Cables multiconductores al aire libre[4]. Distancia a la pared no inferior a 0.3D[5]						3x PVC		2x PVC	3x XLPE o EPR	2x XLPE o EPR	
F	Cables unipolares en contacto mutuo[4]. Distancia a la pared no inferior a D[5]							3x PVC			3x XLPE o EPR[1]	
G	Cables unipolares separados mínimo D[5]									3x PVC[1]		3x XLPE o EPR
Cobre	mm²	1	2	3	4	5	6	7	8	9	10	11
	1,5	11	11,5	13	13,5	15	16	-	18	21	24	-
	2,5	15	16	17,5	18,5	21	22	-	25	29	33	-
	4	20	21	23	24	27	30	-	34	38	45	-
	6	25	27	30	32	36	37	-	44	49	57	-
	10	34	37	40	44	50	52	-	60	68	76	-
	16	45	49	54	59	66	70	-	80	91	105	-
	25	59	64	70	77	84	88	96	106	116	123	166
	35		77	86	96	104	110	119	131	144	154	206
	50		94	103	117	125	133	145	159	175	188	250
	70				149	160	171	188	202	224	244	321
	95				180	194	207	230	245	271	296	391
	120				208	225	240	267	284	314	348	455
	150				236	260	278	310	338	363	404	525
	185				268	297	317	354	386	415	464	601
	240				315	350	374	419	455	490	552	711
	300				360	404	423	484	524	565	640	821

La tabla siguiente resume la anterior para conductores trifásicos de PVC o PE de 0,7 kV, montaje bajo tubo aislante empotrado en pared o suelo (columna 2). Este conductor es el adecuado para realizar líneas bajo tubo a equipos de climatización en interior de edificios.

Sección conductor en mm²	Intensidad máxima A.	Sección conductor en mm²	Intensidad máxima A.
1,5	11,5	50	94
2,5	16	95	100
4	21	120	125
6	27	150	150
10	37		
16	49		
25	64		
35	77		

RESUMEN

En la presente unidad hemos repasado los conceptos previos necesarios para afrontar el estudio de este modulo. La comprensión y el repaso de los mismos nos servirán como base de partida.

CUESTIONARIO DE AUTOEVALUACIÓN

Unidades de temperatura

1. ¿Cuántos ° C son 512° F?
2. ¿Cuántos ° F son 250° C?
3. Pasa 465° K a ° C y a ° F

Unidades de calor, energía y potencia

4. Un aparato de climatización tiene una potencia de 23.000 Kcal/h. ¿Cuántos KW son?
5. El modelo de un climatizador es GW18. ¿Cuántas frigorías tendrá?
6. Un depósito de agua de 2000 L se llena con agua del grifo a 15°C. Para calentarlo a 95°C, ¿cuántas kcal se precisan? Si esto queremos que se realice en 3,5 horas, ¿de qué potencia será el calentador? Calcularlo en Kcal/h y en Watios.

Unidades de presión

7. Una bomba eleva el agua a 20 m de alto. ¿Qué presión en bar marcará el manómetro de la bomba? ¿Y si está en kPa?
8. Un ventilador debe impulsa aire con una presión de 125 mm.c.a, ¿Cuánto es en kPa? ¿Y en mm.Hg?
9. Un pilar de una nave industrial se apoya una placa de acero de 20 x 20 cm. Si el pilar soporta una carga de 40 toneladas, ¿qué presión en kg/cm^2 soporta la placa? ¿Y en kPa?
10. Un compresor aspira gas de un circuito cerrado para producir vacío, y el manómetro marca 750 milibares. Si la presión atmosférica ese día es de 770 mm.hg, ¿qué presión esta venciendo en m.Hg.? ¿Y en Kpa).

Caudal

11. Un ventilador impulsa 400 m^3/h a un local. ¿Cuántos L/s son? Si colocamos dos ventiladores en paralelo, ¿cuántos l/s impulsarán en total?
12. Por un conducto de 30 x 60 cm interiores, circula aire a una velocidad de 1 m/s. Calcula el caudal en m^3/h y L/s.
13. Tenemos un conducto circular de 60 cm de diámetro. Si circulamos aire por su interior a 6 m/s, ¿qué caudal pasará en m^3/h?
14. Una rejilla de aire mide 1 m x 2. Si tiene que pasar 10.000 m^3/h. ¿A qué velocidad en m/s atravesará el aire la rejilla?

Electricidad

15. Un motor monofásico consume 6 Amperios. Si la tensión es de 230 V, ¿qué potencia en Watios absorbe? ¿Y en caballos? Suponer $\cos\varphi = 0{,}8$.
16. La potencia de un motor eléctrico es de 10 CV, con $\cos\varphi = 0{,}85$, y conectado a una red de 400 V trifásica, ¿qué intensidad de la línea será la normal?
17. Un equipo climatizador tiene una regleta de conexión que indica: con tres fichas rotuladas con L N E$. ¿Es un equipo trifásico o monofásico? ¿Cuál será su tensión de alimentación, 230 ó 400 V?

LABORATORIO

1. **Medir temperaturas de:**
   - **Interior aula** en: cerca de las paredes, centro del aula, a 0,3 m del suelo, a 1 m, a 2 m. Sacar la media.
   - **Exterior aula**. Patio a la sombra, al sol.
   - **Aparatos**. Radiadores del aula, una estufa
2. **Medir temperaturas de un equipo climatizador funcionando**, entradas y salidas de aire. Medir en varios puntos y calcular la media.
3. **Medir la velocidad de salida de aire con un anemómetro** en varios puntos de un equipo climatizador.
   - Medir y calcular la sección del conducto o rejilla de salida del aire.
   - Calcular el caudal de salida en m^3/h.

4 **Cálculo del COP aproximado de un equipo climatizador**

En un equipo climatizador de tipo ventana o compacto se deberán tomar los datos siguientes:

A) Localizar la placa de características del equipo e identificar en ella los datos siguientes: Tensión, Intensidad Nominal, Cos φ, Potencia en W.

B) Medir la tensión de la red de alimentación, y con una pinza amperimétrica la intensidad aparente.

C) Temperatura de entrada del aire.

D) Temperatura de salida del aire.

E) Velocidad de salida del aire.

F) Sección de salida del aire

Pasos:

1° Calcular la potencia absorbida por el equipo con las medidas eléctricas.

2° Calcular el caudal en m^3/h.

3° Calcular la potencia térmica con:

$P\ (Kcal/h) = Q(m^3/h) \times 1{,}2\ (\text{densidad aire}) \times 0{,}24\ (\text{Ce aire}) \times (T2 - T1)$

4° Pasar todas las unidades a Watios y calcular el COP.

Otras prácticas

- Medir Presiones en tubería de agua. Cambiar de unidades Bar, PA, mmHg.
- Medir presiones en equipo frigorífico. Medir vacío.

Ejecución de las prácticas

Las medidas deberán realizarse con un termómetro con sonda, evitando que el alumno interfiera con su cuerpo la medida.

Al finalizar cada práctica se redactará una Memoria conteniendo los apartados siguientes:

1. Objetivo de la práctica.
2. Proceso a seguir.
3. Instrumentos y materiales utilizados, cantidad, coste.
4. Resultados.
5. Conclusión: Valoración, dificultades encontradas.

U.D. 2 INSTALACIONES DE VENTILACIÓN

ÍNDICE

INTRODUCCIÓN

Con este tema podemos introducirnos de forma más fácil en la materia, fijando las instalaciones de ventilación y sus equipos.

Aprenderemos a distinguir los diferentes tipos de ventiladores, su uso y mantenimiento.

También calcularemos las necesidades de ventilación de diferentes locales de acuerdo con la normativa, y aprenderemos a realizar la instalación más conveniente en cada caso.

OBJETIVOS

Conocer los componentes y sistemas de ventilación, su cálculo, montaje y mantenimiento.

Saber calcular y diseñar instalaciones de ventilación en locales públicos, industriales, y extracciones localizadas.

1. GENERALIDADES

En la unidad didáctica anterior hemos recordado qué es el caudal y la presión. Estos conceptos los vamos a aplicar para realizar instalaciones de ventilación.

1.1. Necesidad de ventilación

Las personas, para vivir, necesitamos respirar continuamente aire que nos aporte oxígeno para nuestro metabolismo. Este aire debe tener una calidad suficiente y estar libre de contaminantes que afecten negativamente a nuestro organismo; en los locales cerrados el aire se vuelve inaceptable para el consumo humano con el paso del tiempo: humos, polvo, personas respirando, etc. La técnica que controla y procura un cambio del aire interior polucionado por otro nuevo de mejor calidad es la "ventilación".

El aporte de aire para las personas depende mucho de la actividad física que realicen: si están sentados, caminando, o realizando un trabajo físico. A mayor trabajo físico, mayor cantidad de aire se necesita.

Las instalaciones de ventilación se encargan de extraer o introducir aire nuevo en un ambiente o zona interior, evitando la formación de ambientes insalubres.

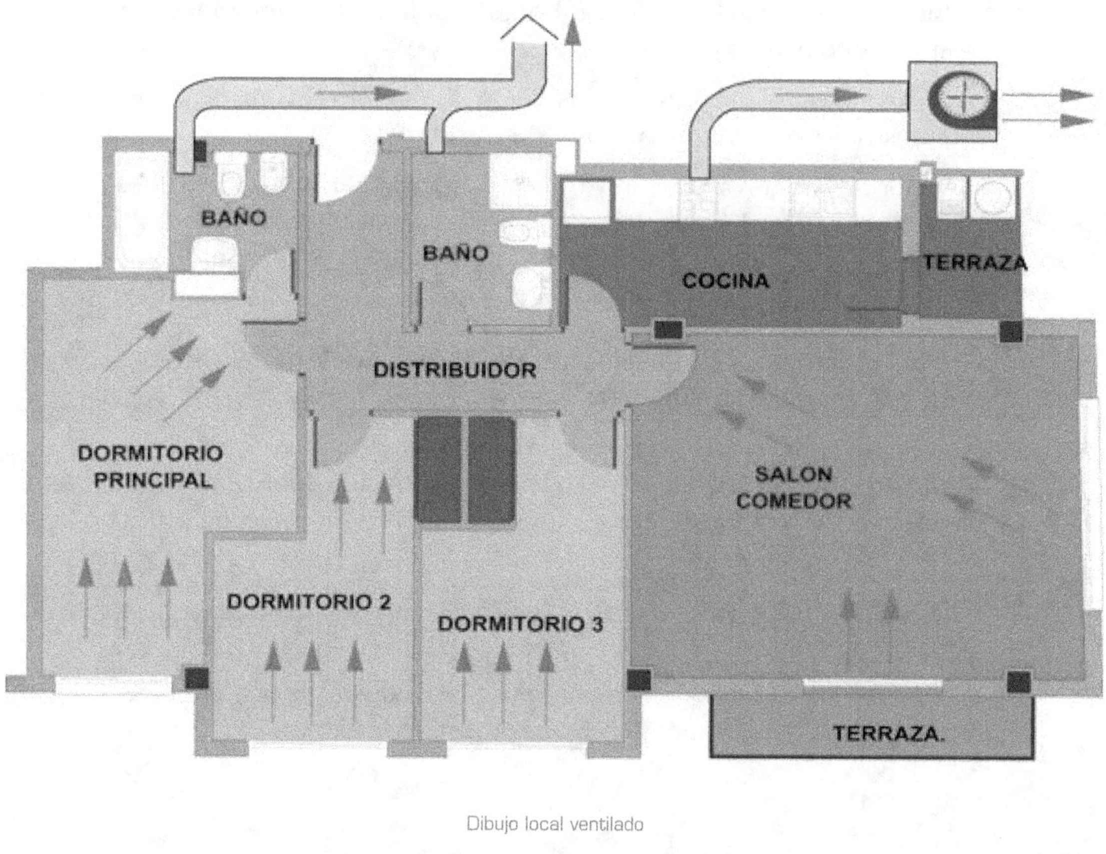

Dibujo local ventilado

La ventilación forzada es completamente necesaria en los recintos cerrados, sobre todo cuando en el exterior hace frío o calor, y se cierran todas las puertas y ventanas.

Un buen instalador de climatización nunca olvida dotar al local acondicionado con una ventilación suficiente.

1.2. El aire contaminado

El aire que respiramos está compuesto de.

- Oxígeno, 20%
- Nitrógeno, 78%
- Vapor de agua, 1,5%
- Otros gases, 0,5%

Por contaminantes entendemos las partículas o gases existentes en el aire, que pueden perjudicar nuestra salud.

Los contaminante los podemos clasificar en

- Humos y polvos. De muy pequeño tamaño.
- Aerosoles: formados por partículas líquidas en suspensión.
- Bio aerosoles: bacterias, virus, hongos, polen, etc. Generadas por animales o plantas.
- Gases: butanos, alcoholes, disolventes. Generados en procesos industriales o de limpieza.
- Vapores: por la respiración y transpiración de personas, y procesos de evaporación de agua. Baños, piscinas, cocinas, vestuarios.
- Contaminantes industriales: metales, fibras textiles o minerales, gases de soldadura.

Las consecuencias de la contaminación del aire van desde simples sinusitis y tos a enfermedades pulmonares graves.

La respiración de las personas convierte el Oxígeno presente en el aire (O_2), en dióxido de carbono (CO_2), y la transpiración (por respiración y sudor), genera vapor de agua, olores y aumento de la temperatura.

El aire contiene un 0,03% de CO_2, que al ser respirado por el organismo humano sale a 37°C con un 4% de CO_2. Asimismo, el ser humano en reposo absorbe 25 litros de Oxígeno por hora, equivalentes a 400 litros de aire por hora, consumo que crece con la actividad.

Por ejemplo, en una habitación cerrada herméticamente con personas en su interior respirando, el aire se va enrareciendo.

Cuando la presencia de CO_2 es del 2%, la gente presenta un estado de excitación.

Si se llega al 3% de CO_2, observaremos un estado de depresión general que puede llegar al desfallecimiento.

El límite máximo de CO_2 recomendado es del 0,1%.

Midiendo la concentración de CO_2 también podemos tener una idea bastante exacta de la calidad del aire en recintos con personas, y del nivel de ocupación del mismo (el número de personas presentes).

1.3. El edificio enfermo

Por síndrome del edificio enfermo se describe las consecuencias que tiene en los ocupantes de un edificio la falta de una adecuada ventilación.

Sea por la falta de limpieza, mantenimiento o diseño inadecuado de las instalaciones de ventilación, en los edificios enfermos se producen acumulaciones de contaminantes del aire interior, que se vuelve insano, sufriendo sus ocupantes de forma habitual en los periodos de estancia dolores de cabeza, enfermedades respiratorias, malestar físico, picores de ojos, toses, etc. Desapareciendo los síntomas en los periodos en que los ocupantes no frecuentan el edificio, por ejemplo los fines de semana y en vacaciones, si se trata de un edificio de oficinas.

Todas estas molestias y enfermedades son consecuencia de la mala ventilación y/o filtración del ambiente del edificio. Los ocupantes no suelen darse cuenta de ello, aunque habitan locales que están diseñados para mantener una temperatura adecuada, la calidad del aire resulta deficiente, suelen ser edificios que por su construcción no permiten la apertura de las ventanas o si lo permiten resulta molesto por la entrada del aire exterior frío de invierno o caliente de verano.

1.4. Ventilación y ahorro energético

Normalmente la ventilación provoca un consumo extra de energía en los edificios climatizados, pero no siempre es así, llegando incluso en ocasiones a ser un elemento de ahorro energético considerable a tener en cuenta en el diseño de la instalación.

Lo que determina que la ventilación sea un coste energético o un ahorro es la comparación entre las entalpías del aire del interior y el del exterior, en la siguiente tabla se resumen los casos posibles.

Tabla comparación de consumo energético según condiciones interiores, exteriores.

EFECTO DEL AUMENTO DE VENTILACIÓN SOBRE. EL CONSUMO ENÉRGETICO		VERANO	INVIERNO
ENTALPIA AIRE EXTERIOR	> 0	AUMENTA	DISMINUYE
MENOS	= 0	MANTIENE	MANTIENE
ENTALPIA AIRE INTERIOR	< 0	DISMINUYE	AUMENTA

OPCIÓN MÁS ECONÓMICA SOBRE EL CAUDAL DE VENTILACIÓN.		VERANO	INVIERNO
ENTALPIA AIRE EXTERIOR	> 0	MÍNIMA.	MÁXIMA
·	= 0	OPCIONAL.	OPCIONAL.
ENTALPIA AIRE INTERIOR	< 0	MÁXIMA.	MÍNIMA.

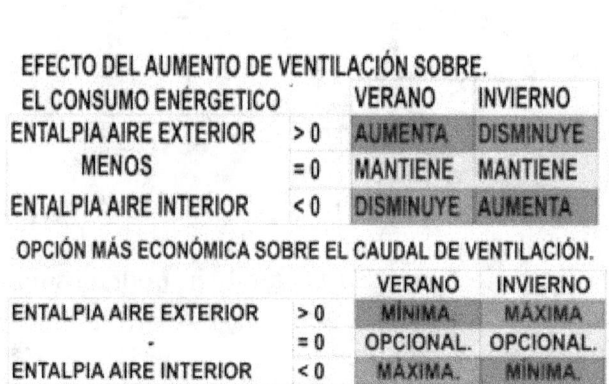

Las dos técnicas de ahorro energético más extendidas son el freecoling y los recuperadores entálpicos.

Uso del freecoling

Si observamos una instalación de climatización en modo verano veremos que la temperatura del ambiente interior de diseño es de 25 °C y que su uso es para las 24 horas del día.

A lo largo del día nos encontraremos con temperaturas mayores de 25 °C y también con temperaturas inferiores (tarde, noche, madrugada).

La función del sistema freecoling es reducir al mínimo necesario la ventilación cuando la temperatura exterior es superior a la ambiente y aumentar la ventilación al máximo cuando la temperatura exterior es inferior a la de ambiente.

Con esas dos premisas se conseguirán importantes ahorros energéticos.

UNIDAD DE TRATAMIENTO DE AIRE "UTA" CON SISTEMA DE ENFRIAMIENTO GRATUITO "FREE-COLING"

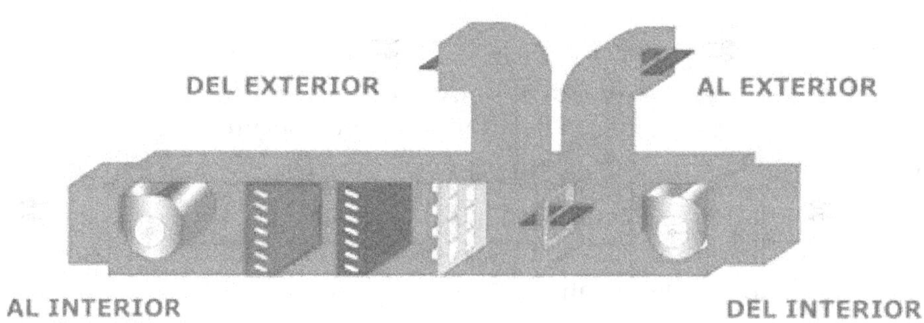

ITE 02.4.6 Enfriamiento gratuito por aire exterior

"Cuando el caudal de un subsistema de climatización sea mayor que 3 m^3/s y su régimen de funcionamiento sobrepase mil horas por año en que la demanda de energía pudiera satisfacerse gratuitamente con la contenida en el aire exterior, será obligatoria la instalación de un sistema de aprovechamiento de la citada energía."

Uso de los recuperadores entálpicos

La función de un recuperador entálpico en **invierno** es la de calentar el aire exterior de ventilación antes de ser introducido en el local, usando el calor del aire que sacamos del local. En **verano** se pretende lo contrario, ceder el calor del aire introducido del exterior al que se extrae del local.

Suelen ser intercambiadores de calor de placas que crean un flujo cruzado entre el aire de ventilación que entra del local y el que sale.

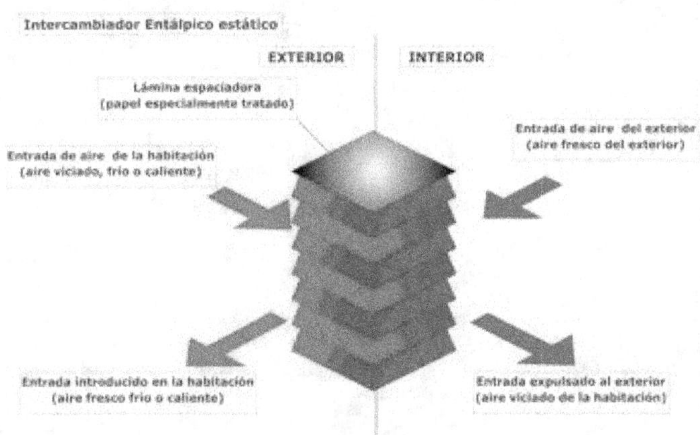

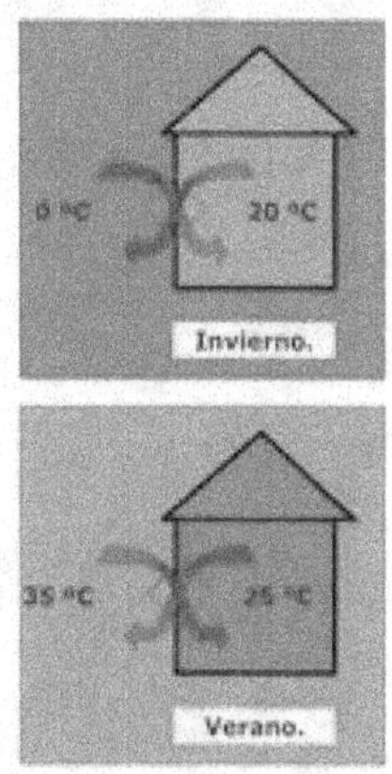

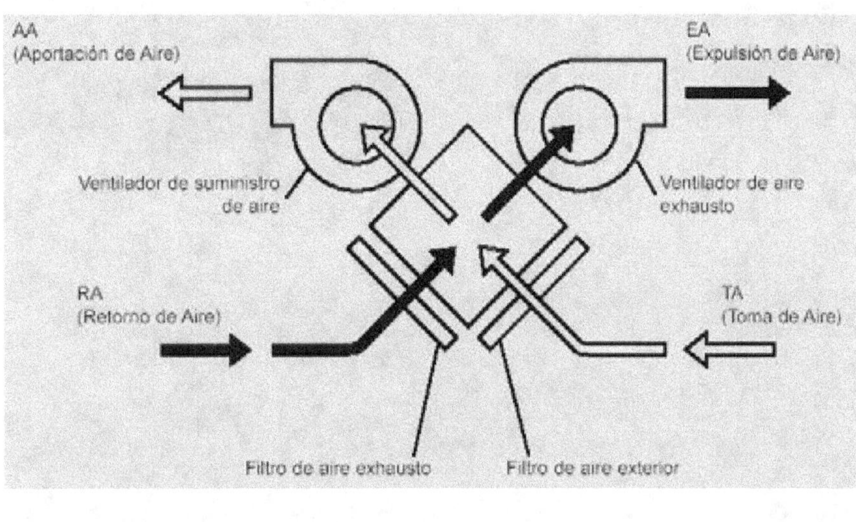

ITE 02.4.7 Recuperación de calor del aire de extracción

"Cuando el caudal de aire de renovación de un subsistema de climatización sea mayor que 3 m^3/s y su régimen de funcionamiento superior a 1.000 horas anuales de utilización del local o zona a climatizar, se diseñará un sistema de recuperación de la energía térmica del aire expulsado al exterior por medios mecánicos, con una eficiencia mínima, en calor sensible, del 45 por 100 referida al aire exterior, en las condiciones extremas de diseño de verano."

1.5. Normativa

La ventilación de los locales está regulada por el RITE, el cual establece la obligatoriedad de cumplir la norma UNE 100011, que establece los caudales mínimos de cada local, en función de su uso y ocupantes.

En la tabla siguiente se resume dicha norma:

	CAUDALES DE AIRE INTERIOR MÍNIMO DE VENTILACIÓN (SEGÚN NORMA UNE 100011)-				
	Tipo de local	Caudales de aire exterior en l/s por unidad			
		Por persona	*Por m²*	*Por local*	*Otros*
☐	Almacenes		*0,75 a 3*		
☐	Aparcamientos		*5*		
☐	Archivos		*0.25*		
☐	Aseos públicos (1)				*25 (12)*
☐	Aseos individuales			*15*	
☐	Auditorios	*8*			
☐	Aulas	*8*			
☐	Autopsia		*2.5*		
☐	Bares	*12*	*12*		
☐	Cafeterías	*15*	*15*		
☐	Canchas para el deporte		*2.5*		
☐	Comedores	*10*	*6*		
☐	Cocinas (2) (3)	*8*	*2*		
☐	Descanso, Salas de	*20*	*15*		
☐	Dormitorios colectivos	*8*	*1.5*		
☐	Escenarios	*8*	*6*		
☐	Espera y recepción (Salas)	*8*	*4*		
☐	Estudios Fotográficos		*2.5*		
☐	Exposiciones (Salas de)	*8*	*4*		
☐	Salas de fiestas	*15*	*15*		
☐	Sala de fisioterapia	*10*	*1.5*		
☐	Gimnasios	*12*	*4*		
☐	Gradas de recintos deportivos	*8*	*12*		
☐	Grandes almacenes (14)	*8*	*2*		
☐	Habitaciones de hotel			*15*	
☐	Habitaciones de hospital	*15*			
☐	Imprentas, reproducción y planos		*2.5*		
☐	Salas de juegos	*12*	*10*		
☐	Laboratorios (6)	*10*	*3*		
☐	Lavanderías industriales (1) (3)	*15*	*5*		
☐	Vestíbulos	*10*	*15*		
☐	Oficinas	*10*	*1*		
☐	Paseos de centros comerciales		*1*		
☐	Pasillos (15)				
☐	Piscinas (7)		*2.5*		
☐	Quirófanos y anexos	*15*	*3*		
☐	Salas de reuniones	*10*	*5*		
☐	Salas de recuperación	*10*	*1.5*		
☐	Supermercados (14)	*8*	*1.5*		
☐	Talleres: - En general. - En centros docentes - De reparación automática (5)	 *30* *10* 	 *3* *3* *7.5*		
☐	Templos para culto	*8*			
☐	Tiendas: En general De animales (8) Especiales (10)	 *10* *-* *-*	 *0.75* *5* *2*		
☐	UVIS (8)	*10*	*1.5*		
☐	Vestuarios (8)		*2.5*		*10 (13)*
	(*) Notas de la norma que se ven en cada caso.				

2. INSTALACIONES DE VENTILACIÓN

Las instalaciones de ventilación se encargan de extraer o introducir aire del exterior en un ambiente o zona interior.

La ventilación es necesaria en los recintos para:

- Aportar aire nuevo con oxígeno para la respiración de las personas.
- Extraer el aire viciado producido por la respiración, humos, gases , etc.
- Rebajar la temperatura interior en locales no climatizados.

LOCAL CONTAMINADO

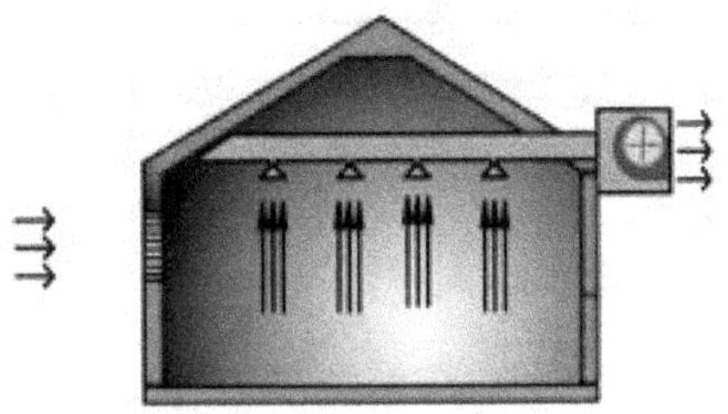

LOCAL VENTILADO

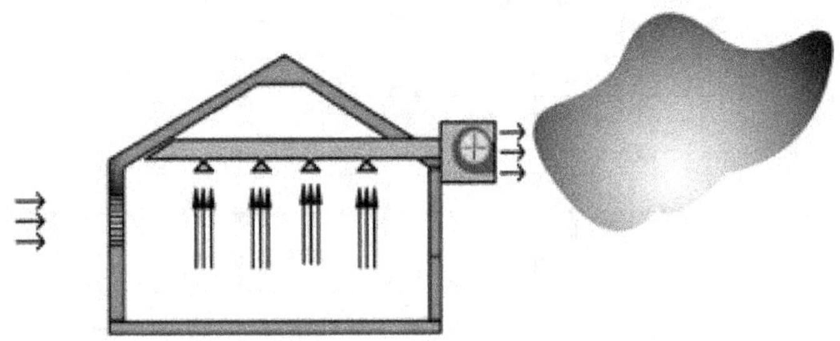

La ventilación también se realiza en las zonas de trabajo para extraer gases o apartarlos de la respiración del operario.

Ejemplo de usos de la ventilación:

- Extracción de humos en cocinas.
- Extracción de humos en garajes de automóviles.
- Extracción de gases en zonas de pintura.
- Extracción de aire en zonas de soldaduras.
- Renovación de ambientes en locales cerrados, cines, auditorios, discotecas.
- Ventilación en granjas para rebajar la temperatura del ambiente.
- Ventilación en automóviles.

2.1. Componentes

Los componentes de una instalación de ventilación son:

- **Ventiladores**: máquinas que hacen moverse el aire al generar una presión.
- **Conducciones**: por donde circula el aire de un local a otro.
- **Elementos de difusión**: rejillas o bocas de entrada y salida de aire.
- **Elementos accesorios**: compuertas, mandos, reguladores.

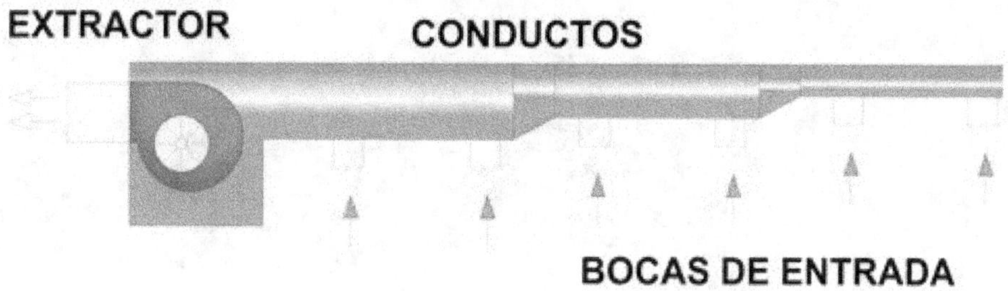

3. PARÁMETROS FÍSICOS

Los parámetros para dimensionar un sistema de ventilación son:

3.1. Caudal

El Caudal (Q): es el volumen o la masa de aire desplazado por unidad de tiempo, lo medimos normalmente en m^3/hora (m^3/h) y Litros por segundo (L/s).

La equivalencia que mantienen estas dos unidades es:

$$1 \cdot \frac{L}{Seg.} = 3{,}6 \cdot \frac{m^3}{h}$$

3.2. Velocidad

La velocidad de aire (V): es la rapidez con la que circula el aire por el interior del conducto. Se mide en metros por segundo (m/Seg.).

$$Velocidad = \frac{Longitud}{Tiempo} \left[{}^{m}\!/_{seg} \right]$$

En la medida que aumenta la velocidad en los conductos de aire el ruido transmitido es mayor y aumenta la pérdida de carga en los conductos.

3.3. Presiones

La presión aumenta con la longitud el conducto, y también con la velocidad. Las unidades más habituales para medir la presión son:

- Milímetro de columna de agua: mm.c.a
- Milímetro de columna mercurio: mm.Hg
- Pascal: Pa.

Recordemos las equivalencias:

- Pa. = 1 N/m^2.
- mm.c.a = 9,80665 Pa.
- 0,76 mm.hg = 9,8 Pa.

La presión necesaria o disponible P: es la presión que el ventilador debe de vencer para hacer circular el aire en una red de conductos.

La presión estática Pe actúa en todos sentidos dentro del conducto. Se manifiesta en el mismo sentido y en el contrario de la corriente.

Si queremos poner un ejemplo de lugares en los que sólo exista presión estática, podríamos enumerar un balón de fútbol; un local completamente cerrado y sin nada de movimiento de aire tendría como presión estática la equivalente a la presión atmosférica.

Si en un conducto la presión estática es positiva y existe un agujero en el mismo, el aire que circula por su interior tiende a salir del conducto.

Si por el contrario, la presión estática es negativa, el aire del local tiende a entrar en el conducto.

La presión dinámica Pd actúa en el sentido de la velocidad del aire. Su expresión es:

$$P_d = V^2/16$$

Siendo:

V = Velocidad en m/seg.

P_d = Presión Dinámica en Pascales.

Ejemplos

Una cometa se mantiene en el aire gracias a la componente de presión dinámica.

Los aerogeneradores eléctricos que vemos en los montes producen energía aprovechando la energía dinámica del viento.

Como se observa, la presión es función del cuadrado de la velocidad, esto explica de una forma clara que los automóviles disparen su consumo, cuando la velocidad aumenta.

La presión total es la suma de la presión dinámica + estática.

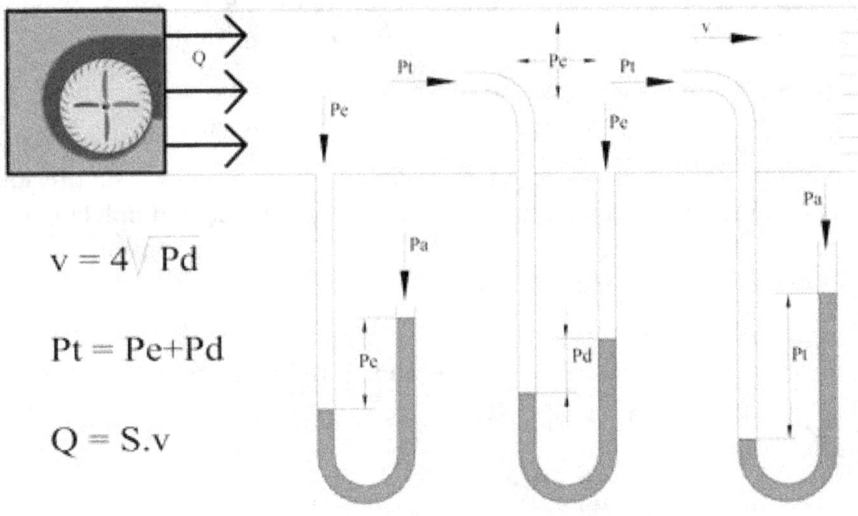

Presiones en conducto con caudal

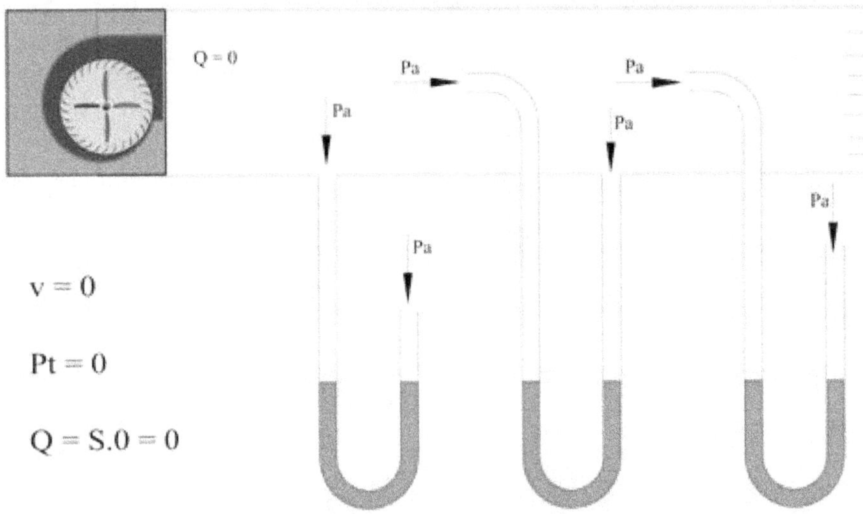

Presiones del conducto sin caudal

El aire, al atravesar los conductos y rejillas, sufre una pérdida de presión. Al aumentar la velocidad, aumenta el roce con las paredes y hay más pérdida de presión (pérdida de carga). El ventilador es el que tiene que proporcionar esta presión.

3.4. Sección

Es el área o superficie interior del conducto, medida de forma perpendicular al paso del aire.

En conductos rectangulares la sección es:

$$S = L \times A$$

S = Superficie en m^2

L = Longitud en m.

A = Ancho en m.

En conductor circulares:

$$S = \pi \times \frac{D^2}{4} = \pi \times R^2$$

S = Superficie en m^2

D = Diámetro en m.

R = Radio en m.

Hay que tener cuidado con las unidades, si nos dan las dimensiones en centímetros o milímetros, lo mejor es pasarlas todas a metros, y después aplicar la fórmula.

3.5. Rugosidad

Si el interior del conducto es liso, el aire circulará con facilidad, y con poco ruido, pero si el interior del conducto es rugoso (irregular) el aire se frenará, y el ventilador necesitará más presión para un mismo caudal.

4. CÁLCULO DE LA VENTILACIÓN NECESARIA EN UN LOCAL

4.1. Norma UNE

La cantidad de aire para la ventilación un local depende del nivel de actividad física de los ocupantes, ya que al realizar ejercicio físico, como bailar, o caminar, se consume más oxígeno que si se permanece sentado en reposo.

También depende del tipo de local, ya que la ventilación necesaria es distinta en una tienda que en una discoteca.

La Norma UNE 100011 detalla para cada actividad la ventilación necesaria en L/s por ocupante, y en m^3/h por m^2 de local.

Es decir, multiplicamos el total de personas que quepan en el local, por el factor que nos indica la norma, y obtenemos el caudal total de ventilación del local en L/s.

Estos caudales se consideran mínimos a efectos de ventilación y máximos a efectos de ahorro de energía.

$$Q = n \times F$$

Donde:

Q = Caudal necesario en Litros por segundo [L/seg.]

n = número de ocupantes.

F= Factor de la tabla.

En locales donde no conozcamos los ocupantes, multiplicaremos los m^2 de superficie del local por el factor de la norma, y obtenemos igualmente el caudal total de ventilación.

$$Q = S \times F$$

Donde:

Q = Caudal necesario en Litros por segundo [L/seg.]

S = Superficie del local en [m^2]d.

F= Factor de la tabla.

Siempre tomaremos la mayor de las dos cifras resultantes.

Podemos resumir la norma con el criterio siguiente:

- En locales con ocupantes sentados (cines, auditorios), tomar 8 L/s / persona.
- En locales con ocupantes de pie (bares, vestíbulos), tomar 12 L/s / persona.
- En locales con ocupantes de haciendo ejercicio (discotecas, recintos deportivos), tomar 18 L/s / persona.

Por ejemplo:

En una sala de fiestas de 32 x 15 m de planta, y 4 m de alto, donde se calcula una ocupación de 1 persona cada 2 metros cuadrados de local.

Según la norma UNE100011

Por superficie resulta:

Superficie = 32x15= 480 m^2.

Caudal = S x F = 480 x 15= 1.800 L/seg = 6.480 m^3/h.

Por ocupantes:

Ocupación = 480 m^2 x 1 Persona/ 2 m^2 = 240 Personas.

Caudal = n x F = 240 x 15 = 3.600 L/seg = 12.960 m^3/h.

Es criterio del instalador el adoptar un valor u otro, pero siempre es recomendable utilizar como mínimo el valor de la ocupación.

4.2. Renovaciones / hora

Todo local cerrado tiene un volumen que podemos calcular:

$$V = S \times h$$

Donde:

V= Volumen del local [m^3]

S= Superficie del local [m^2]

H= Altura [m]

Por ejemplo:

Si un local tiene 200 m^2 de superficie y su altura es de 3 m, su volumen será de

$$V = S \times h = 200 \times 3 = 600m^2.$$

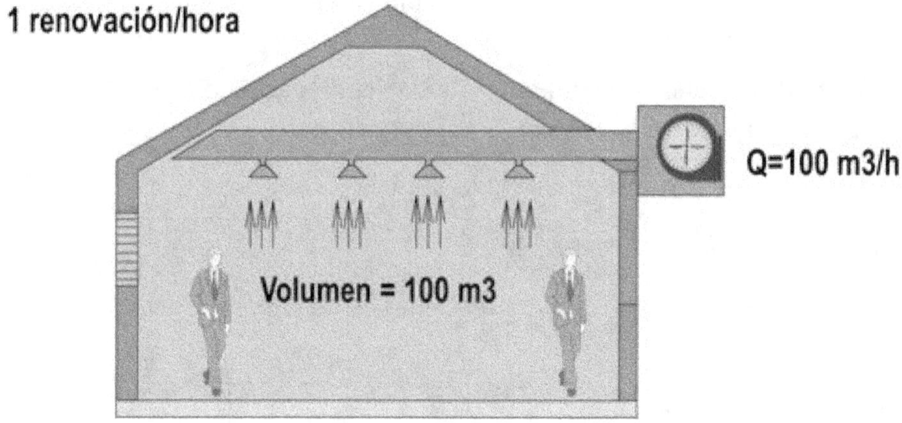

Si instalamos un extractor de 600 m^3/h, será capaz de vaciar y renovar todo el aire del local en 1 hora. Si fuese de 1200 m^3/h, renovaría el aire del local dos veces en una hora.

El concepto de renovaciones/hora se refiere a una extracción capaz de aportar varias veces el volumen del local, es decir renovamos su aire completamente varias veces cada hora.

Se utiliza principalmente en locales industriales, talleres, cocinas, etc., donde la ventilación no depende de los ocupantes.

Siendo el volumen del local V = Superficie en planta x Altura

Para obtener n = 10 renovaciones/hora el caudal resultante será:

$$Q\left[m^3 / h\right] = V\left[m^3\right] \times n$$

4.3. Método Olf

Se trata de un método europeo reciente basado en la percepción de la contaminación corporal (el olor desagradable que producen las personas).

Un Olf es la contaminación que emite una persona en un recinto ventilado con caudal de aire de 10 l/s.

Otros valores de olf:

Persona haciendo ejercicio ligero	4 olf
Persona haciendo ejercicio fuerte	10 olf
Niño pequeño jugando	1,2 olf
Niño grande	1,3 olf

Los edificios también necesitan una ventilación:

Edificios viejos:	0,1 olf/m^2
Edificios nuevos:	0,2 olf/m^2

El porcentaje de personas que están satisfechas con el ambiente de un local depende de la ventilación por Olf, y está tabulado en la gráfica siguiente:

Se suele tomar la proporción del 20% de insatisfechos, que equivale a 7,5 L/s y Olf.

La ventilación necesaria será:

Q (L/s) = Olfs en el local x L/s y olf (grafica)

Ejemplo:

Una sala de baile moderna de 200 m^2 lo ocupan 25 personas. Calcular la ventilación para un nivel de descontentos del 15%.

El total de olf es 45 personas x 4 olf persona =	100 olf
Para el local: 200 m^2 x 0,1 olf/m^2 =	20 olf
	Total 120 olf

Caudal por Olf según gráfico para el 15% = 10 L/s y olf.

Caudal necesario = 120 olf x 10 L/s = 1.200 L/s

Equivalente a 1.200 x 3,6 = 4.320 m^3/h

4.4. Ventilación natural

Si en un local existen ventanas suficientes, puede no ser necesario instalar un sistema de ventilación forzada, ya que las personas abrirán las ventanas si es necesario.

En locales con personas se exige que la superficie de ventanas practicables sea como mínimo = superficie del local / 30, o mayor.

En las viviendas particulares es suficiente con la ventilación natural, pero en locales públicos, es mejor instalar una ventilación forzada, ya que muchas veces nadie se preocupa de abrir y cerrar ventanas.

5. TIPOS DE VENTILACIÓN

¿Extraer o impulsar?

Muchas veces al instalador se la presenta la duda entre extraer al aire del local o impulsar al mismo aire del exterior.

En general podremos pensar que si un local está en sobrepresión respecto a otro o al exterior, la posibilidad de introducir contaminantes del segundo al primero se reduce.

Hay que tener en cuenta que en recinto cualquiera no se fabrica ni se destruye aire. Para extraer aire por una abertura, tendrá que entrar el mismo caudal por otra.

5.1. Por sobre-presión

En locales o zonas donde impulsamos aire del exterior al local ocurre que el aire interior saldrá por rejillas o puertas.

El local estará en sobrepresión.

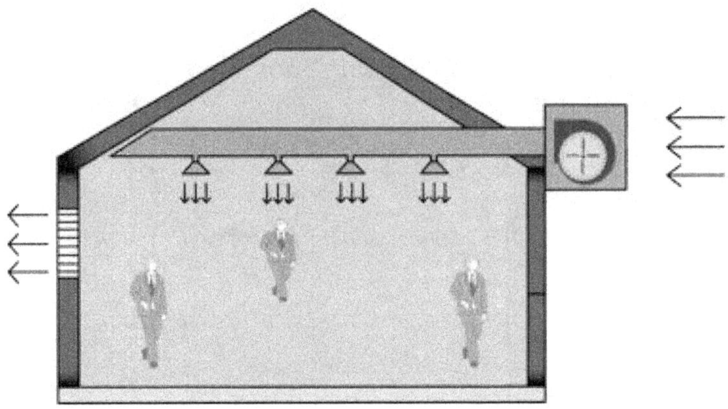

Muchas veces la presión del aire en el local provocará que las puertas cuesten de abrir y que cierren violentamente.

5.2. Por depresión

Si instalamos un extractor, el local estará en depresión.

Si sacamos aire del local, el aire exterior puede entrar dejando alguna ventana entreabierta, o colocando rejillas de entrada de aire.

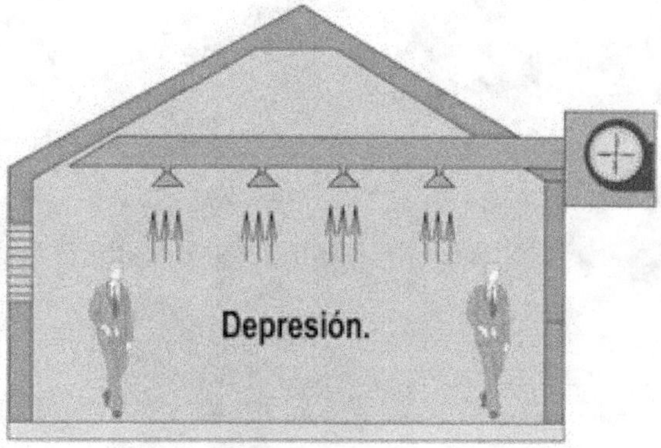

En ambos casos deberemos asegurar otra abertura para la entrada o salida libre del aire, o la instalación no realizará su cometido.

En grandes locales de reunión, se debe instalar un extractor y un impulsor, para asegurar con exactitud la circulación de aire bajo cualquier supuesto. Es este caso lo llamamos **extracción completa**.

5.3. Extracción localizada

En muchos locales industriales se realizan procesos que generan emisiones de gases u olores. Si estos procesos se realizan en una zona concreta, lo mejor es realizar una extracción localizada, para evitar que se expandan por todo el recinto.

La extracción localizada consiste en arrastrar la contaminación mediante una velocidad mínima del aire, y para ello deberemos de calcular el caudal en función de la superficie de la campana, con la fórmula del caudal:

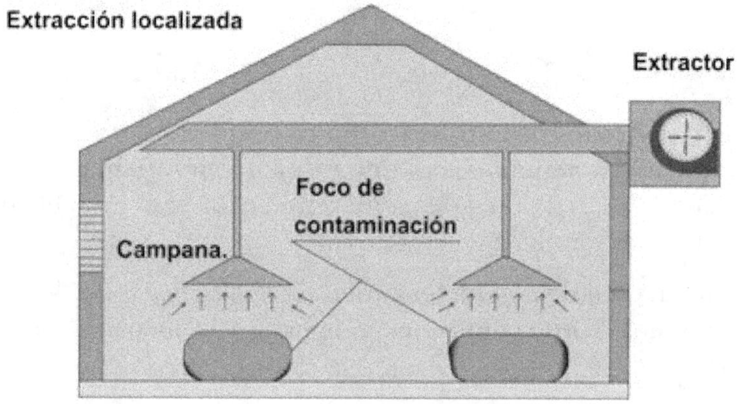

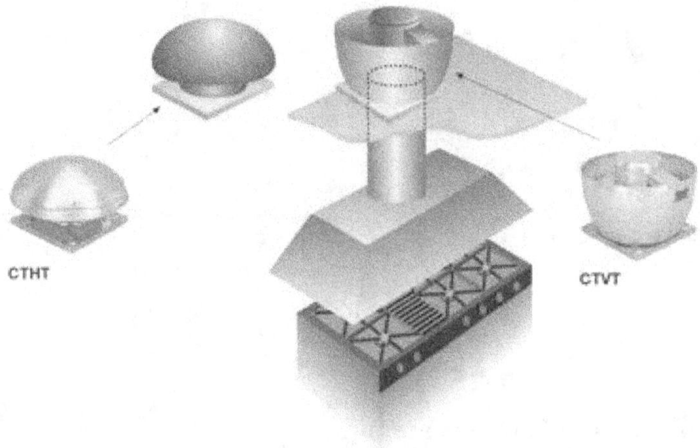

$$Q = S \times V$$

Q = caudal del ventilador en m^3/s

S = superficie de la campana em m^2

V = velocidad mínima en m/s (cocinas = 1 m/s, soldaduras = 1,5 m/s)

Ejemplo:

Calcular el extractor de una cocina de restaurante cuya campana mide 3 x 0,6m.

Caudal = 1 m/s x (3x0,6) = 1,8 m^3/s

En una hora serán:

Caudal = 1,8 m^3/s x 3.600 Segundos/Hora = 6.480 m^3/h

5.4. Extracción centralizada

En caso de edificios divididos en estancias separadas y algunas de las cuales no tienen ventanas, caso de edificios de oficinas, o centros comerciales, se instala un sistema de ventilación para todo el edificio, que llamaremos ventilación centralizada.

Mediante una red de conductos comunicaremos con todos los locales, asegurándonos de que también el aire pueda salir mediante otra red al exterior.

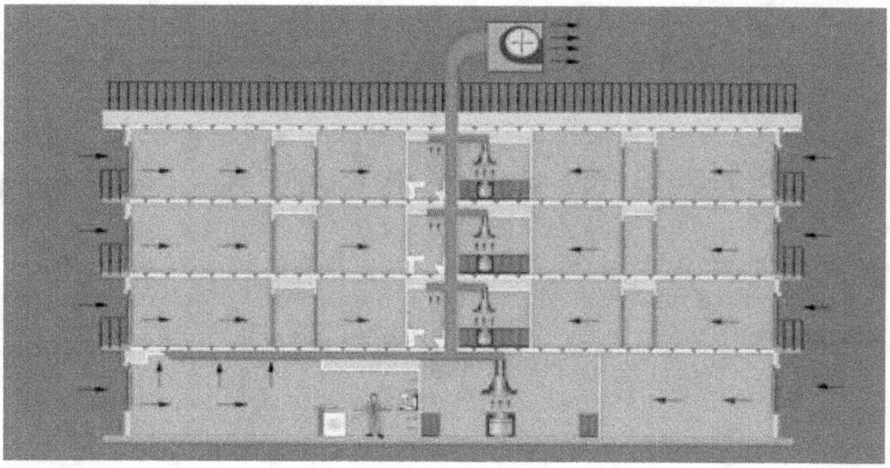

Extracción centralizada

Recomendaciones

- En locales con muchas personas es mejor impulsar aire del exterior, para asegurar que el aire que aportamos es nuevo.
- En locales con peligro de incendio es mejor extraer (garajes, almacenes).
- Siempre que haya un foco de contaminación, humos, etc., es mejor una extracción localizada.
- Si los locales adyacentes pueden ser peligrosos o sucios, es mejor ventilar por sobre-presión.

6. EL VENTILADOR Y SUS TIPOS

Se denomina ventilador una máquina que, sumergida en un fluido gaseoso, lo fuerza a desplazarse, con una presión menor de 20 kPa.

Los ventiladores provocan una corriente de aire y normalmente son accionados por un motor eléctrico. En nuestra vida cotidiana tenemos muchos ventiladores: en el secador de pelo, en la aspiradora, en la campana de la cocina, en el ordenador, etc.

Por su configuración, los ventiladores pueden ser de tres tipos:

Axiales, o helicoidales

El flujo se induce en la dirección del eje por presión de las palas. Ejemplo: los ventiladores de techo.

Ventilador axial

Centrífugos

El flujo se induce dentro del rodete, y sale perpendicular al eje, por centrifugación.

Ejemplo: algunos secadores de pelo tipo caracol.

Ventiladores Centrífugos

Tangenciales

El flujo atraviesa el rodete perpendicular al eje. Ejemplo: los ventiladores de los climatizadores domésticos.

Ventilador Tangencial

6.1. Curva característica de un ventilador

La curva característica de un ventilador es similar a la de las bombas centrífugas de agua. Nos muestra la presión que imprime al aire un ventilador para diferentes caudales de aire. En el eje de abcisas aparece el caudal, y en el de ordenadas la presión.

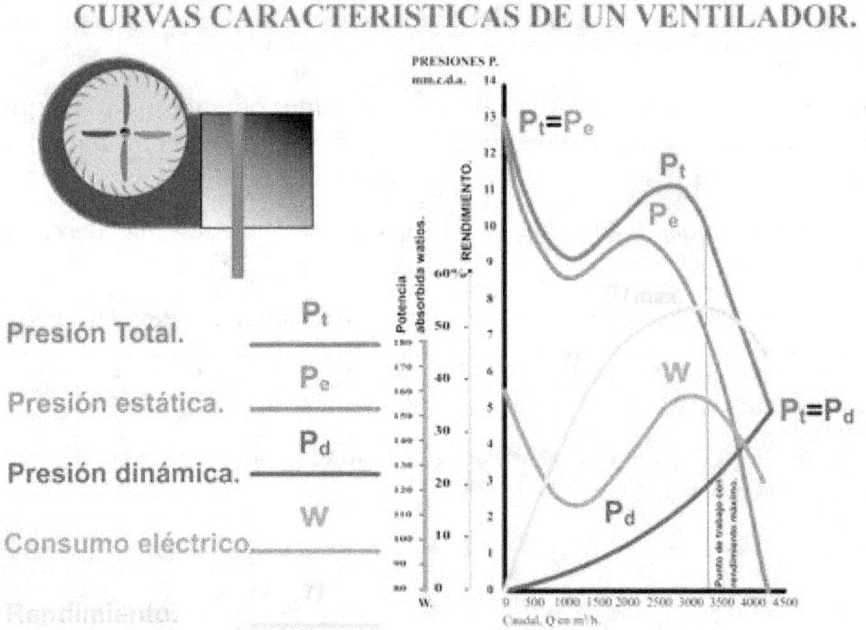

Punto de funcionamiento ó de trabajo de un ventilador

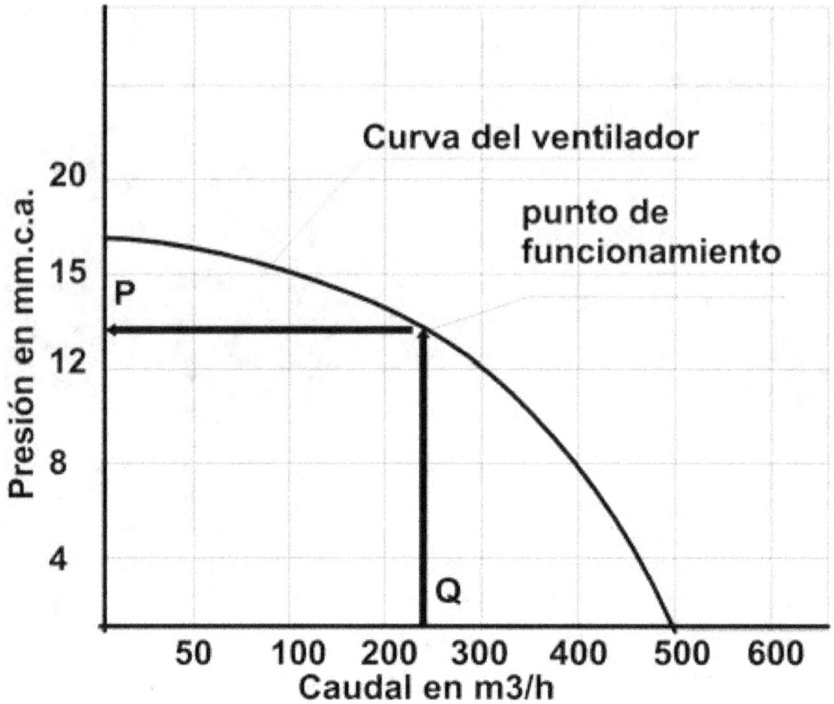

Si a un ventilador le cerramos la salida de aire, notaremos cómo aumenta la presión, y al mismo tiempo baja el caudal de aire.

Cuando el caudal aumenta, la presión disponible disminuye.

Cuando estrangulamos el paso del aire disminuimos el caudal, y la presión aumenta.

Si conocemos la curva de un ventilador, podemos obtener el caudal que nos suministrará para una determinada presión. También entrando con un determinado caudal obtenemos la presión disponible.

El máximo caudal se da con presión cero, lo que se denomina **"descarga libre"**.

La presión máxima se da con caudal cero, es decir con la salida taponada.

En los catálogos comerciales se dan curvas con más parámetros, como la potencia absorbida, el rendimiento, revoluciones, etc.

Si el motor del ventilador tiene varias velocidades, aparecen varias curvas, una para cada velocidad.

Curvas de un ventilador

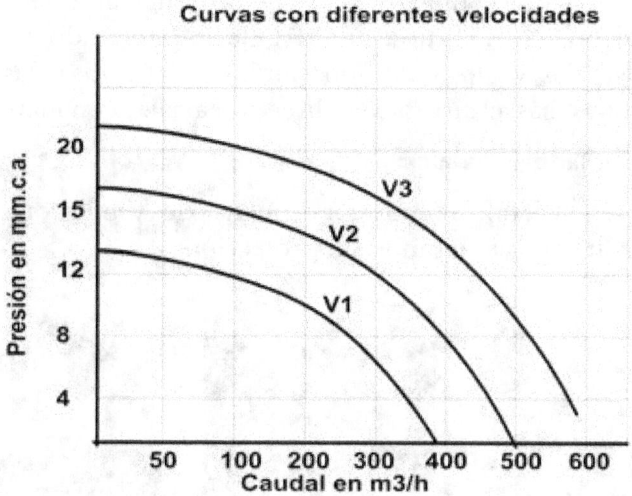

6.2. Clasificación de los ventiladores

Los ventiladores utilizados en instalaciones de ventilación son muy variados, y dentro de cada tipo hay multitud de variaciones adaptadas a sus utilización, montaje, alimentación, accionamiento, etc.

6.2.1. Por su construcción

Según el sistema empleado en mover el aire, los clasificamos en tres grupos principales:

- Axiales: elevado caudal, muy baja presión.
- Centrífugos: bajo caudal, alta presión.
- Tangenciales: muy bajo nivel sonoro.

Comparativa de diferentes tipos de construcción.

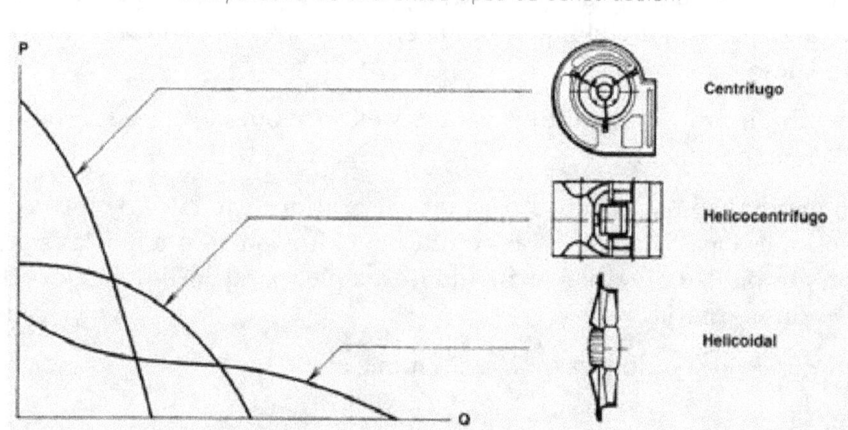

Axiales

Se llaman así por que el flujo de aire tiene la misma dirección que el eje. El aire es aspirado en la dirección del eje, es acelerado en el rodete mediante las palas, y sale avanzando y girando. Si tras las palas giratorias se instalan otras fijas, el aire sale en dirección axial, y con mayor presión.

Tipos de ventiladores axiales:

De pala libre. Son el típico ventilador de mesa, o los ventiladores colgantes del techo, con sus palas girando sin protección.

Ventiladores Axiales, tipos

Ventiladores murales o de pared. Trabajan a descarga libre, es decir sin ningún conducto. Pueden ser de pala ancha o estrecha. Los de pala ancha son más silenciosos y se deben de colocar en lugares donde el ruido sea condicionante. Los de pala estrecha dan más presión y caudal, pero producen un ruido como el de una sirena, por lo que deben de usarse sólo en locales industriales. Se utilizan en extracciones pequeñas, o donde se requiere un gran caudal, como naves, polideportivos, etc.

Se denominan de acuerdo con su diámetro (300, 400, 600).

Su presión disponible va de 10 a 30 mm.c.a.

Ventiladores tubulares. Son ventiladores axiales con una envolvente tubular, que canaliza el flujo. Producen una mayor presión con grandes caudales.

Se utilizan principalmente en garajes y extracciones localizadas con un pequeño conducto.

En general son adecuados para mover grandes caudales de aire con presiones bajas o medias. En grandes tamaños pueden tener las palas con posibilidad de variar su ángulo de ataque, para ajustarlo mejor a la presión necesaria.

Su presión disponible va de 10 a 25 mm.c.a.

Centrífugos

El aire entra en el rodete, y sale centrifugado hacia la salida.

Se fabrican en cajas de forma cúbica. El rodete lleva los álabes inclinados hacia delante o hacia atrás.

Una forma especial son los ventiladores de tejado: se utilizan para realizar extracciones de aire en cubiertas de edificios, trabajando permanentemente las 24 horas del día. Por ello giran a bajas revoluciones, y están fabricados para soportar la intemperie.

Ventiladores Centrífugos

6.2.2. Por su presión

Baja presión: presión de 10 a 100 mm.c.a.

Dan un gran caudal, son los más habituales.

Se denominan de acuerdo con las medidas del rodete, ancho por diámetro (20/20 = 20 cm ancho y 20 cm de rodete).

Pueden construirse envueltos por una caja, denominándose cajas de ventilación.

Media presión: de 100 a 800 mm.c.a.

Tienen un rodete de mayor diámetro y son más estrechos.

Se utilizan en extracciones localizadas y para aspirar o arrastrar partículas.

Alta presión: presiones hasta 1500 mm.c.a.

Se utilizan en aplicaciones de transporte de polvos y otras aplicaciones industriales.

Baja presión

Media Presión.

Alta presión.

Ventiladores con diferentes presiones

6.2.3. Por sus condiciones de funcionamiento

Ambientes normales:

Cuando el aire a mover es el normal.

Ambientes agresivos:

Construidos con materiales capaces de resistir el gas a mover, como vapores ácidos, corrosivos, partículas, etc.

Ambientes de alta temperatura:

Para mover humos y gases a alta temperatura.

También los empleados en garajes y túneles, deben de soportar una temperatura en caso de incendio de **400° C durante 2 horas**.

Exterior.

Alta temperatura.

Resistente agentes químicos.

Ventiladores con diferentes condiciones de funcionamiento

6.2.4. Por su accionamiento

Accionamiento directo: llevan el motor eléctrico acoplado al eje de rotación del ventilador.

Transmisión por correas: el motor eléctrico está desplazado, y mediante dos poleas, transmite su potencia al ventilador.

Directo con motor exterior. **Directo motor interior.** **Indirecto accionado por poleas.**

Forma de accionamiento de ventiladores

6.3. Componentes de un ventilador

Los componentes de un ventilador son:

- Motor de accionamiento, generalmente eléctrico.
- Rotor con forma de hélice o de rodete con álabes.
- Envolvente o carcasa, de tipo caracol o tubular.

6.3.1. Motores

Los motores eléctricos de accionamiento de los ventiladores son de los tipos siguientes:

Monofásicos de espira en sombra

Motores de baja potencia 10 a 200 W. El arranque es débil, sin necesidad de mecanismos ni condensador.

Se utilizan en pequeños refrigeradores.

Monofásicos con condensador de arranque

Motores de potencia media 200 a 1000 W. El arranque es fuerte. Están constituidos por un bobinado principal u otro auxiliar.

Trifásicos

Estos motores pueden ser de 500 a 10 ó 20 kW. Al ser trifásicos el arranque es muy fuerte.

Los motores de poca potencia pueden conectarse a una red monofásica intercalando un condensador en una de las fases.

Tipos constructivos de motores eléctricos

Los motores pueden construirse con varios niveles de cierre:

- Abiertos: se puede apreciar el bobinado. El aire está en contacto con el motor.
- Cerrados normales: para ambientes normales o con polvo.
- Protección IP-65: para ambientes húmedos y mojados.

Frente a la temperatura pueden ser:

- Alta temperatura: para hornos.
- Resistir 400° C durante 2 horas: para garajes y túneles.

Inversión de giro

Todos los motores trifásicos pueden invertir su sentido de rotación intercambiando la conexión de dos fases.

Antes de arrancar un ventilador trifásico hay que verificar que el sentido de giro es el correcto, pues en caso de girar al revés, el caudal será muy inferior y el ruido mayor de lo normal. El sentido de giro se verifica al desconectar el motor, mirando el rodete antes de que se pare por completo.

En los motores monofásicos con condensador debe invertirse la fase del condensador.

6.3.2. Rotores o rodetes

El rotor transmite al aire una velocidad y presión.

Los parámetros principales son:

- Numero de palas (4, 6, 10).
- Ángulo de ataque. Inclinación de las palas.
- Ancho y forma de las palas: anchas, estrechas.

Rodete ventilador centrifugo

El material de las palas suele ser chapa de acero, aluminio, poliéster, o plásticos.

El número de palas y su forma dependen del tipo de ventilado, pero en general los rotores de alta velocidad tienen las palas más estrechas que los de baja.

El ángulo de ataque está calculado para el caudal nominal del ventilador, de forma que el aire, al entrar en la pala, va con la dirección de su filo, pero si variamos el caudal de aire o la velocidad del rotor, el aire entrará con un ángulo diferente, y producirá una turbulencia que provocará ruido y bajo rendimiento de la máquina.

Los ventiladores centrífugos tienen un rodete en forma de jaula de ardilla, con dos anillos laterales y la palas paralelas al eje, alrededor de los anillos. Los anillos se montan sobre unos cojinetes, o rodamientos, y la rotación se imprime por medio de una polea y una correa.

6.3.3. Envolventes

La envolvente de los ventiladores es la carcasa fija que canaliza el aire impulsado por las palas hacia la salida.

En los ventiladores axiales es circular y cubre las palas por el exterior. También puede tener forma de tubo.

En los ventiladores centrífugos canaliza el aire centrifugado por las palas hacia la ventana de salida. Tiene forma de caracol, y suele ser de chapa de acero galvanizada.

Los ventiladores pueden recubrirse exteriormente con una caja para amortiguar el ruido interior, o para conectar con los conductos de aire de entrada y salida, y entonces se denominan "Cajas de ventilación", por tener forma de caja cúbica o prismática.

6.3.4. Transmisión

En los equipos pequeños el motor está unido al rotor, y se dice que es de "acoplamiento directo". En equipos más grandes el motor no esta acoplado directamente al rotor, y se dice que existe una "transmisión", que suele ser mediante una correa trapezoidal y dos poleas. Esta transmisión requiere de un "tensado" y una "alineación", para que funcione correctamente.

Variando los diámetros de las poleas podemos variar la velocidad de rotación de ventilador. Estos ventiladores son más versátiles que los de accionamiento directo, ya que cambiando las poleas podemos ajustarlo exactamente al caudal necesario.

Si caudal del ventilador baja, es probable que la correa esté resbalando, y precise de tensado.

Si los cojinetes que soportan los ejes se calientan excesivamente, puede deberse a un problema de alineación y deben ajustarse.

6.4. Mando de ventiladores

Los ventiladores como cualquier máquina eléctrica necesitan de una alimentación eléctrica, que incluya una protección y un sistema de mando o accionamiento.

6.4.1. Alimentación eléctrica

Los ventiladores se accionan generalmente mediante un interruptor eléctrico para la marcha o paro.

En equipos más grandes se utilizan contactores de dos o cuatro polos, según sea el ventilador monofásico o trifásico, con un relé térmico de protección.

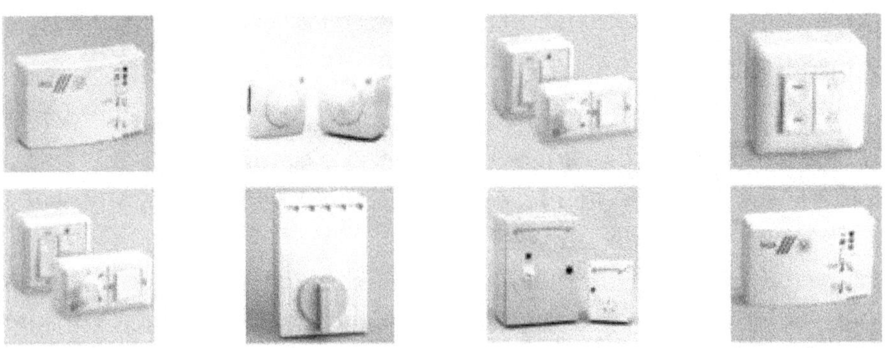

Mandos y regulación de ventiladores

También pueden instalarse variadores de velocidad electrónicos que permiten ajustar las revoluciones, y adaptar el ventilador al que se precise en el local.

6.4.2. Regulación

El mando automático de una instalación de ventilación puede hacerse de varias formas:

- **Funcionamiento permanente durante la actividad**: se debe dimensionar adecuadamente, y colocar un interruptor propio, o estar conectado a la máquina o sistema de iluminación del local (se utiliza en fábricas, aseos, etc.).
- **Funcionamiento intermitente**: su arranque o paro lo gobierna un temporizador, cuyo intervalo se ajusta según las necesidades (se usa en almacenes, garajes, salones, etc.).
- **Funcionamiento según la ocupación del local**: se instala un medidor de nivel de CO_2, que nos indica si el ambiente precisa ser renovado. Se instala en grandes salones públicos, discotecas, cines, etc. Hay que mantener el nivel de CO_2 inferior a 0,1%.

6.5. Agrupación de ventiladores

Agrupar ventiladores es instalar varios para un mismo trabajo.

Los ventiladores se pueden acoplar en serie o en paralelo.

- **En Serie**: se conecta la descarga en un ventilador con la aspiración de otro, es decir el aire atraviesa primero un ventilador, el local y después el otro ventilador.

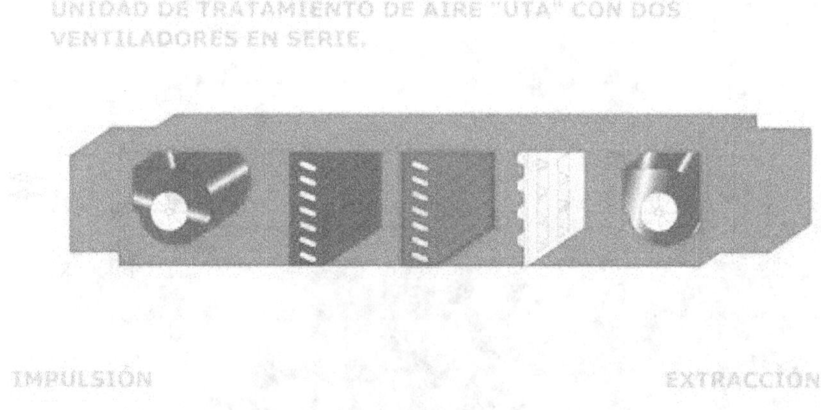

Cuando instalamos ventiladores en serie, las consecuencias son:

Mismo caudal y doble de presión.

Gráficamente, vemos cómo aparecen una curva sobre la otra, sumando la presión de ambos. Para un mismo caudal la presión es el doble que con un solo ventilador.

COMPORTAMIENTO DE DOS VENTILADORES EN SERIE.

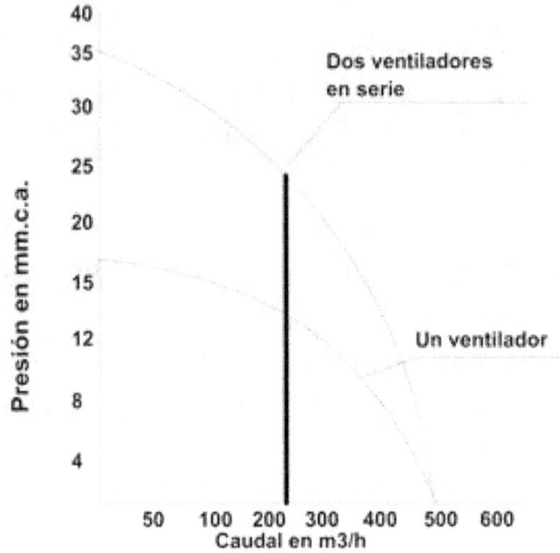

- **En paralelo**: se instala un ventilador junto a otro, aspirando y descargando del mismo local. El resultado es de:

Misma presión, y doble de caudal.

Es decir, los caudales se suman, pero la presión disponible es la misma.

En la gráfica vemos otra curva con el doble de caudal para la misma presión.

UNIDAD DE TRATAMIENTO DE AIRE "UTA" CON DOS VENTILADORES EN PARALELO.

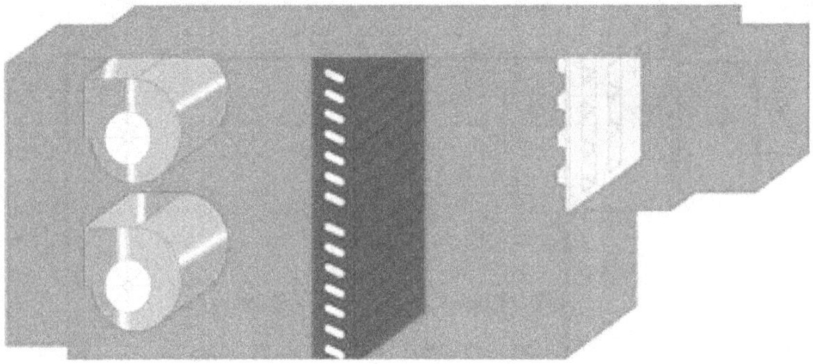

COMPORTAMIENTO DE DOS VENTILADORES EN PARALELO.

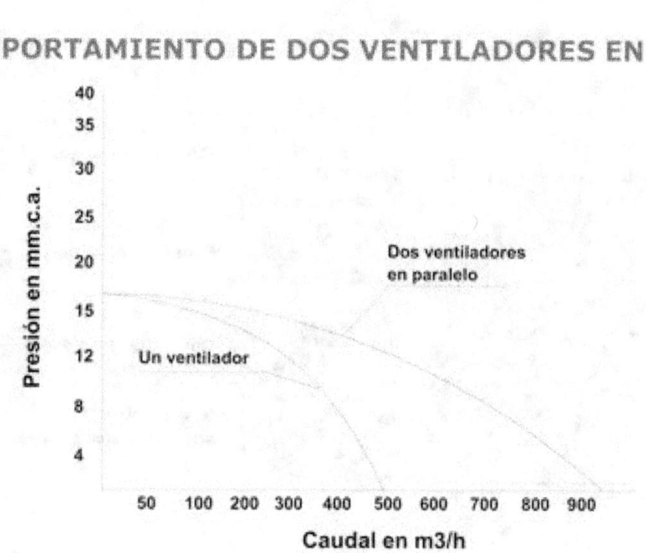

6.7. Leyes de los ventiladores

Si a un ventilador le variamos **la velocidad de giro**, cambiará el caudal, la presión disponible, y la potencia absorbida por el motor.

También si cambiamos **el diámetro del rodete o las palas**, cambiará el caudal y la presión.

Esta variación se puede calcular mediante un conjunto de ecuaciones que se denominan LEYES DE LOS VENTILADORES, y nos permiten ajustar un ventilador al punto de funcionamiento deseado.

6.7.1. Variación de la velocidad de giro

Si variamos la velocidad de un ventilador, mediante un regulador electrónico en la línea de alimentación eléctrica, o variando las poleas de transmisión, el ventilador cambiará su curva de funcionamiento de forma que aparecerá una curva casi paralela situada por encima o por debajo de la inicial.

Las fórmulas que nos dan las nuevas características son:

Leyes de los ventiladores

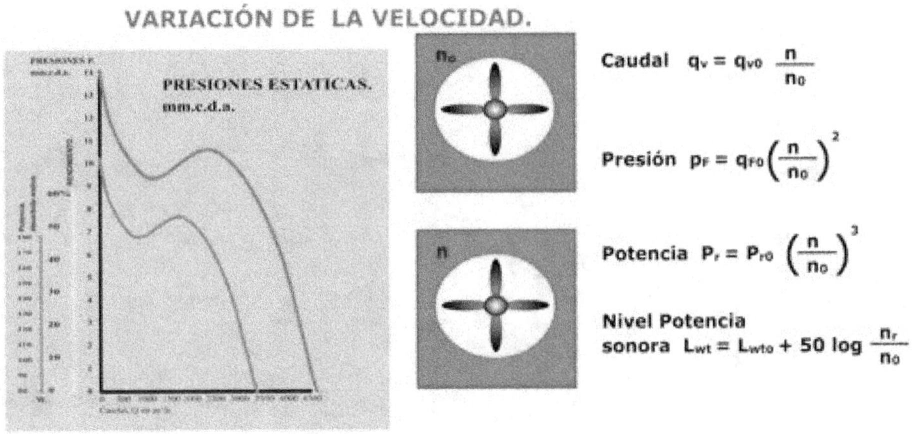

VARIACIÓN DE LA VELOCIDAD.
PRESIONES ESTATICAS.
mm.c.d.a.
n_0
n
Caudal $q_v = q_{v0} \frac{n}{n_0}$
Presión $p_F = q_{F0}\left(\frac{n}{n_0}\right)^2$
Potencia $P_r = P_{r0}\left(\frac{n}{n_0}\right)^3$
Nivel Potencia sonora $L_{wt} = L_{wt0} + 50 \log \frac{n_r}{n_0}$

Al subir la velocidad, el caudal sube proporcionalmente, la presión sube al cuadrado, y la potencia al cubo.

Extracción.

Ejemplo: un ventilador tiene las características siguientes:

Caudal: 5.000 m^3/h.

Presión 25 mm.c.a.

Velocidad 2.500 r.p.m.

Se desea que el caudal baje a 4.000 m^3/h siendo la presión similar.

Solución variando la velocidad: $Q = Q_0 . N / N_0$

Despejando: $N = N_0 . Q/Q_0$

N = 2500 x 4000 / 5000 = 2.000 r.p.m.

6.7.1. Variación del diámetro del rodete o palas

Variar el diámetro del rodete se denomina "recorte del rodete", y consiste en tornearlo rebajándolo unos pocos milímetros, de forma que bajará su caudal y presión.

Se realiza en ventiladores con accionamiento directo.

Las ecuaciones son:

Leyes de los ventiladores

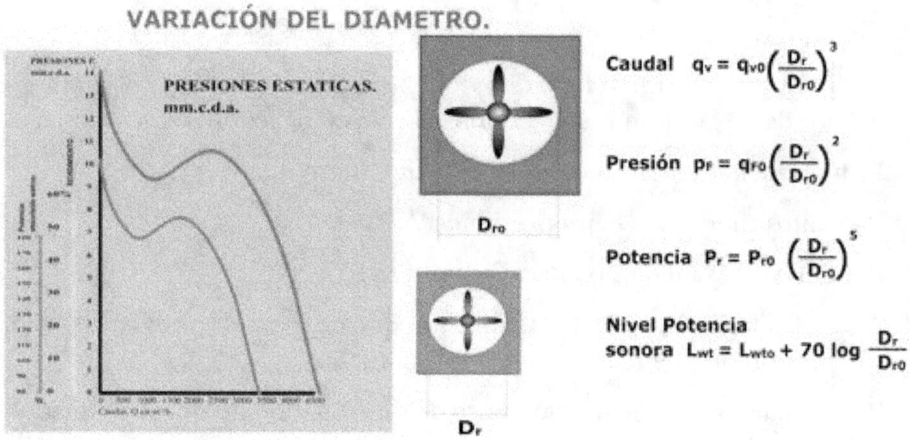

Ejemplo 1: Un ventilador tiene las características siguientes:

Caudal= 5.000 m^3/h

Presión= 25 mm.c.a

Diámetro de palas= 300 mm

Se desea que el caudal baje a 4.500 m^3/h siendo la presión similar.

Solución variando el diámetro: $Q = Q_0 \cdot (D / D_0)^3$

Despejando: $D = D_0 \cdot (Q/Q_0)^{1/3}$

$D = 300 \times (4500 / 5000)^{1/3} = 218$ mm.

7. SELECCIÓN DE VENTILADORES. RENDIMIENTO, NIVEL SONORO

Para seleccionar un ventilador deberemos disponer de un catálogo técnico de un fabricante, si es posible con curvas de los diferentes modelos.

Primeramente tenemos que elegir el tipo de ventilador:

Para altos caudales o bajas presiones: Axiales.

Para presiones medias o altas: Centrífugos.

Antes de elegir el ventilador tendremos que calcular el caudal necesario, y la presión que tiene que aportar el ventilador.

Para calcular con exactitud el punto de funcionamiento de un ventilador, deberemos calcular las pérdidas de carga de la instalación con el caudal inferior al necesario, y repetir el cálculo con otro caudal mayor.

En la gráfica del ventilador seleccionado, representaremos estos dos puntos (caudal-presión) y los unimos con una recta.

El punto de funcionamiento es la intersección entre esta recta llamada "curva resistente del sistema", y la curva del ventilador.

Si queremos que el sistema tenga un caudal determinado, buscaremos en curvas de diferentes ventiladores la que más se aproxime.

Rendimiento

También observaremos el rendimiento del ventilador que se lee en unas líneas auxiliares de la curva del ventilador.

Debemos elegir un ventilador que tenga el máximo de rendimiento y por lo tanto el mínimo consumo.

Nivel sonoro

En los datos técnicos del ventilador se indica el nivel de ruido que produce el ventilador.

El ruido se mide en Decibelios A, dBA.

Hay que tener en cuenta que la escala de dBA es de tipo exponencial, y cada 3 dBA el ruido es el doble.

En su lugar de trabajo hay que vigilar que el nivel sonoro del ventilador sea aceptable. A partir de 35 dBA el ruido es apreciable, y más de 60 dbA es molesto.

8. AVERÍAS Y MANTENIMIENTO DE INSTALACIONES DE VENTILACIÓN

Las principales averías en los sistemas de ventilación son producidas por:

Suciedad.

Desequilibrado y vibraciones.

Averías eléctricas.

Suciedad

La suciedad es una acumulación de partículas arrastradas por el aire que se depositan en los elementos de la conducción.

Las instalaciones de ventilación se ensucian mucho por la gran cantidad de aire que desplazan, sobre todo las bocas de captación y descarga, que conviene limpiar a menudo.

Aparte del problema sanitario que conlleva estar respirando un aire que atraviesa elementos sucios, la suciedad acumulada en piezas giratorias provoca su desequilibrio y la aparición de vibraciones en el ventilador.

Desequilibrios y vibraciones

Si se desequilibra el rotor por suciedad, desgaste, o romperse algún trozo, aparecen las vibraciones, que provocan ruido, el desgaste de los cojinetes del rotor y su rotura o agarrotamiento.

Los equipos de ventilación, al ser máquinas en rotación, pueden desequilibrarse y vibrar. Para evitar que esta vibración se transmita al resto de la instalación o al edificio, se instalan sobre soportes elásticos denominados amortiguadores o "silent-blocks", que pueden ser compuestos de caucho o muelles metálicos.

Los rodetes de los ventiladores se equilibran con unos contrapesos, pero la suciedad que se acumula con el uso, puede desequilibrarlos, y provocar vibración.

Operaciones de mantenimiento

La tabla siguiente resume las operaciones de mantenimiento habituales en instalaciones de ventilación:

Operación	Trabajos	Periodicidad
Limpieza de rejillas	Aspirar la pelusa con un aspirador. Soplar lamas con aire a presión. Pasar un trapo por las lamas.	Cuando se vean sucias
Limpieza de rodetes y palas	Con la alimentación desconectada, colocar un palo para trabar el rodete. Pulverizar con desengrasante. Limpiar con paño o con agua a presión. Dejar secar.	Anual o cuando vibre
Limpieza de conductos	Realizada por empresa especializada	Cada 5 años
Engrase de cojinetes	Con la alimentación desconectada, colocar un palo para trabar el rodete. Con engrasador, llenar de grasa.	Anual
Controlar arranque automático	Verificar el sistema de arranque por temporizador o sensor de CO_2	Anual
Tensado de correas	Si lleva correas de transmisión, verificar el tensado.	Semestral

Seguidamente damos un cuadro con las averías más frecuentes en las instalaciones de ventilación.

Avería	Posible causa
El ventilador no arranca	Falta corriente. Ha saltado el interruptor automático o el relé térmico del contactor. El condensador de arranque está cortado. Cambiar. El bobinado del motor esta cortado.
Salta el interruptor magnetotérmico.	Motor agarrotado. Rotor trabado. Motor quemado.
Salta el interruptor diferencial	Motor derivado a tierra. Condensador quemado. Motor o caja de conexiones mojadas. Se ha confundido el neutro por la tierra.
El ventilador hace ruido pero no gira.	Correa de transmisión floja o rota. Chaveta de la polea rota. Cojinetes agarrotados por falta de engrase. Chaveta del rotor o pasadores rotos.
El ventilador va lento	Correa de transmisión floja. Cojinetes agarrotados.
El ventilador hace ruido	Rodete desequilibrado. Rodamientos gastados. Chapas o rejillas sueltas. Antivibradores rotos.
Los cojinetes están calientes	Ejes del ventilador desalineados. Poleas desalineadas. Falta engrase en los cojinetes.
El ventilador sopla poco caudal	Filtro muy sucio. Rodete muy sucio o liso por suciedad o pelusa. Correa de transmisión floja, tensar. Puede estar girando al revés, por haber invertido dos fases de la alimentación eléctrica. Abertura en el conducto que provoca by-pass. Obstrucción interior del conducto (trozo de panel, tabica desprendida, etc.). Palas rotas o dobladas.
El ventilador va pero sopla poco	Polea del motor demasiado pequeña. El motor no puede con el ventilador.
El motor eléctrico se calienta	Motor pequeño, cambiar o cambiar polea por otra menor. Poca pérdida de carga y excesivo caudal. Estrangular el conducto.

RESUMEN

La ventilación es una parte fundamental en cualquier sistema de climatización y confort; no siempre ha sido visto de esa manera y la experiencia ha demostrado que olvidar la ventilación en cualquier proyecto o instalación ha llegado a producir problemas y enfermedades en las personas que habitan esos locales.

Cualquier técnico que se aprecie deberá tener en cuenta la ventilación y su componente de ahorro energético o gasto en cada caso.

CUESTIONARIO DE AUTOEVALUACIÓN

1. Calcular el caudal de ventilación mínimo, en m^3/h, de una discoteca con capacidad para 600 personas, y cuyas dimensiones son de 80 x 40 x 4 m de alto.
2. Calcular la ventilación de un taller de soldadura de 15 x 5 m de planta y 4 de altura.
3. Calcular el extractor de una cocina de un restaurante de 6 x 4 m de planta y 3 de altura.
4. Calcular el diámetro del conducto de extracción para el caso anterior, si la velocidad mínima ha de ser de 10 m/s. Suponiendo una pérdida de carga de 2 mm.c.a por metro de conducto, averiguar la pérdida de carga total si la longitud hasta el tejado es de 15 m. Elegir un ventilador centrífugo adecuado conociendo que las pérdidas de carga en el filtro de la campana son de 15 mm.c.a.

LABORATORIO

1. Con un ventilador centrífugo o axial realizar un conducto en la boca de salida de 0,5 m de longitud, y dimensiones adecuadas al mismo. Colocar una rejilla regulable en la salida. Conectar el ventilador a la red. Ajustar la compuerta de la rejilla desde abierta total a cerrada total, tomando en al menos 5 posiciones los datos de caudal y presión. Dibujar la curva característica del ventilador con una hoja milimetrada o con una hoja de cálculo.
2. Montar un ventilador y un conducto de aire en forma de T, con un difusor en cada extremo. Fijar el ventilador a un soporte con cuatro silent-blocks.
5. Limpiar y engrasar un ventilador centrífugo. Tensar las correas y comprobar el sentido de giro. Comprobar cómo se desequilibra al colocarle un pequeño peso en un álabe.
6. Realizar una extracción de aire con un ventilador centrífugo, un conducto de chapa con un codo y bocas de entrada y salida. Suspender el ventilador con un soporte y los conductos con varillas roscadas y abrazaderas.
7. En la práctica 1 conectar el ventilador mediante un variador de frecuencia. Repetir la práctica a diferentes velocidades de giro, verificando las leyes de los ventiladores.
8. En un ventilador, medir la intensidad consumida cerrando el paso al aire (caudal 0); repetir abriendo el paso del aire. Verificar que la intensidad aumenta con el caudal.

BIBLIOGRAFÍA

Catálogos de la empresa Mitsubishi Electric.

Manual de ventilación de la empresa SOLER&PALAU y Salvador Escoda S.A.

Prontuario de la empresa CIATESA S.A.

U.D. 3 CONDUCTOS DE DISTRIBUCIÓN DE AIRE

ÍNDICE

INTRODUCCIÓN

Los conductos de distribución de aire son una parte muy importante de los conocimientos que debe tener un instalador de climatización. En este tema abordamos las nociones fundamentales para el cálculo, diseño y montaje de una instalación tipo de conductos.

OBJETIVOS

Saber diseñar y dimensionar redes de distribución de aire mediante conductos de fibras y chapa.

Saber dimensionar las bocas de salida y entrada de aire con una difusión óptima.

Obtener la pérdida de carga total, para poder seleccionar el ventilador adecuado.

Conocer el sistema de montaje y mantenimiento de los conductos de distribución de aire.

1. CONDUCTOS DE AIRE

Son conducciones por cuyo interior fluye el aire, y que se utilizan para transportarlo de un lugar a otro, mediante sobrepresión o depresiones generadas por un ventilador.

Como hemos visto anteriormente, las instalaciones de ventilación constan de tres partes principales: ventilador, conductos de distribución y bocas de salida.

Los conductos de aire son los encargados de **distribuir** el caudal generado por el ventilador por distintos espacios o zonas. Es decir, el ventilador genera mediante presión un caudal de aire en el interior de un conducto principal, que generalmente se va dividiendo en ramas, de forma que de el aire se va repartiendo por las diferentes salidas.

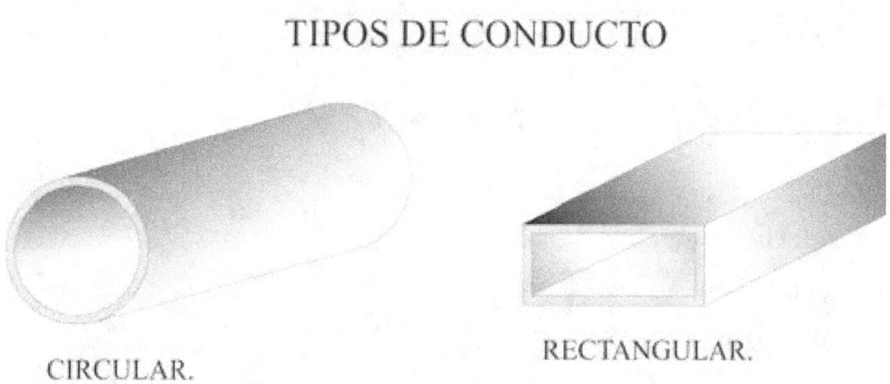

Formas de conductos

Clasificación:

- Según su forma: rectangulares, circulares, ovalados.
- Según su material: de chapa de acero, de fibras minerales, de obra, de polisocionurato.
- Según su presión: de alta, media o baja presión.
- Según su instalación: preformados, realizados in situ.
- Según su función: conducto principal, ramales y derivaciones a rejillas.

2. PARÁMETROS DE UN CONDUCTO

Un conducto de aire queda definido por los parámetros siguientes:

2.1. Sección de paso

Es el área interior perpendicular al paso del aire.

Se mide en m^2.

En el caso de conductos circulares es:

$$S\left[m^2\right] = \Pi \times \frac{D^2}{4}$$

S= Superficie en m^2.

D = diámetro interior en m.

En los conductos rectangulares es:

$$S = A \times B$$

Siendo

S= Superficie en m^2.

A= ancho en m.

B = Alto en m.

2.2. Rugosidad

La rugosidad nos indica si el interior de un conducto es más o menos liso. Es el tamaño medio de los salientes o entrantes de la superficie.

Es claro que el aire circulará más fácilmente si el conducto es más liso, y peor si el conducto es más rugoso.

Los conductos de chapa y plástico son poco rugosos. Los conductos de yeso o de obra son muy rugosos.

2.3. Velocidad

La velocidad de circulación del aire por el interior del conducto se mide en m/s.

La velocidad máxima depende del tipo de conducto. Un aumento de la velocidad por encima de los valores recomendados aumentará el nivel de ruido y la pérdida de carga en los conductos.

Los conductos también se clasifican en función de la velocidad:

Alta velocidad: velocidades mayores de 10 m/s

Media velocidad: de 6 a 10 m/s

Baja velocidad: menor de 6 m/s

La velocidad del aire la medimos con un aparato denominado **anemómetro**.

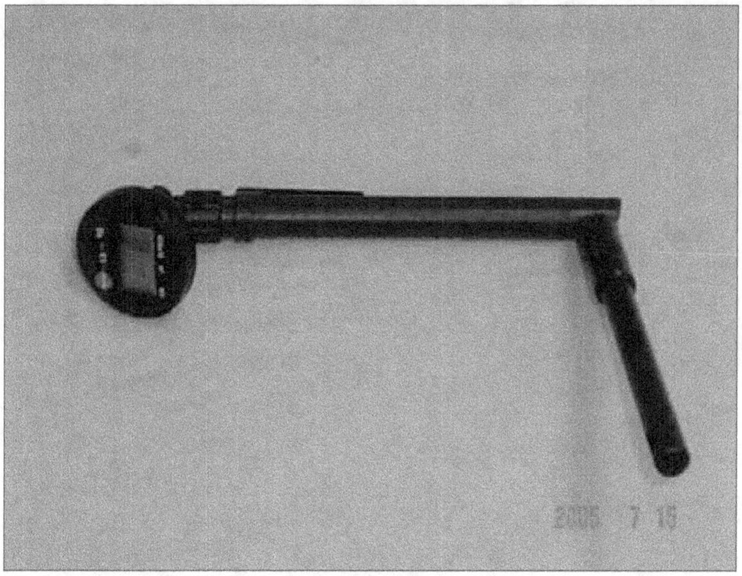

Anemómetro

2.4. Presión

La presión en el interior de un conducto tiene dos componentes:

- Presión estática.
- Presión dinámica.

Se mide normalmente en Pa ó mm.c.a mediante un **manómetro**.

Como las presiones en los conductos son muy pequeñas se suele medir la diferencia de presiones, entre el interior y el exterior del conducto, con un **manómetro diferencial**.

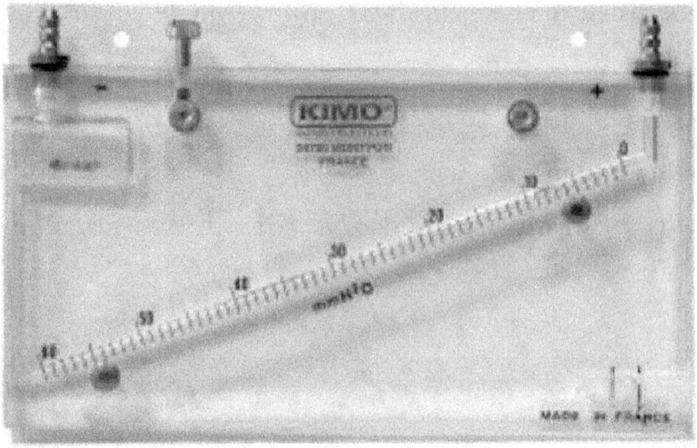

Manómetro diferencial de aire

Recordemos que la equivalencia entre unidades de presión es:

1 mm.c.a. = 9,8 Pa.

1 mmHg = 13,59 mm.c.a.

1 mmHg = 133,32 Pa.

2.5. Caudal

El caudal, como vimos en la unidad didáctica 1, es el volumen de aire por unidad de tiempo, y se mide en Litros/segundo y en m^3/hora.

Como el caudal resulta difícil de medir se calcula de forma indirecta conociendo la sección de paso (midiendo el interior del conducto), y la velocidad del aire con un anemómetro.

$$Q = S \times V$$

Siendo:

Q= Caudal en m^3/seg.

S = Sección en m^2.

V= Velocidad en m/seg.

Para pasar a m^3/h multiplicaremos el caudal por 3.600 (60 x 60 segundos que tiene una hora).

Ejemplo

Si tenemos un conducto de 20 x 500 mm. con una velocidad del aire 4 metros por segundo. Calcular el caudal en m^3/h.

Sección = 0,2 m x 0,5 m = 0,1 m^2

Caudal = S . V = 0,1 m^2 x 4 m/s = 0,4 m^3/s.

Caudal = 0,4 m^3/s x 3600 s/h= 1.440 m^3/h.

Ejemplo:

Calcular el caudal en m^3/h. de un conducto circular de 300 mm de diámetro con una velocidad 10 m/s.

Sección = π x D^2/4 = π x 0,32/4 = 0,0706 m^2

Caudal = 0,0706 m^2 x 10 m/s x 3600 = 2.544 m^3/h

3. RÉGIMEN DEL FLUJO

Dependiendo de la velocidad y forma del conducto, el régimen del fluido puede ser:

- **Laminar**: si todas las partículas van paralelas. Caso de velocidades bajas. En aire aparece en velocidades menores de 1 m/s. El régimen laminar es inaudible.
- **Turbulento**: en el flujo aparecen movimientos de rotación y remolinos. Es el flujo normal en conductos de ventilación. Se oye circular el aire con mayor o menor ruido.

TIPOS DE FLUJO

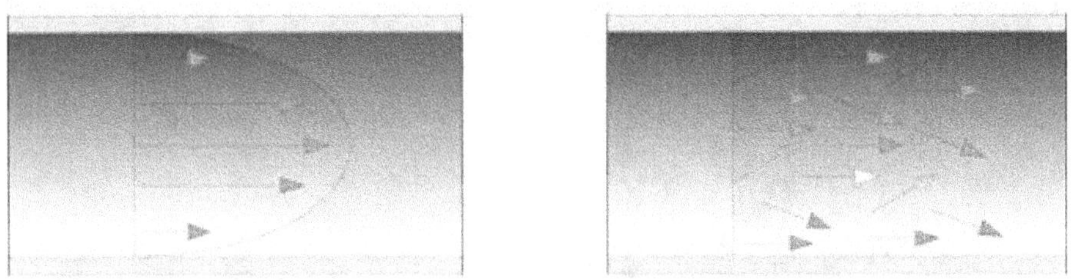

LAMINAR TURBULENTO

4. PÉRDIDA DE CARGA

4.1. Concepto

Al circular el aire por un conducto se provocan choques y rozamientos con las paredes que provocan su frenado.

Cuanto mayor sea dicho roce y la fuerza de los choques, mayor presión necesitará aportar el ventilador para que circule el caudal necesario, es decir el roce provoca una pérdida de presión o de carga.

Esta pérdida de carga se mide igual comparando la presión existente al principio del tramo a medir y la presión del final.

La pérdida de carga depende de:

- La velocidad del aire. A más velocidad, más pérdida de carga.
- La forma del conducto. Cuanto más circular menor pérdida.
- El material del conducto. A mayor rugosidad, más pérdida.

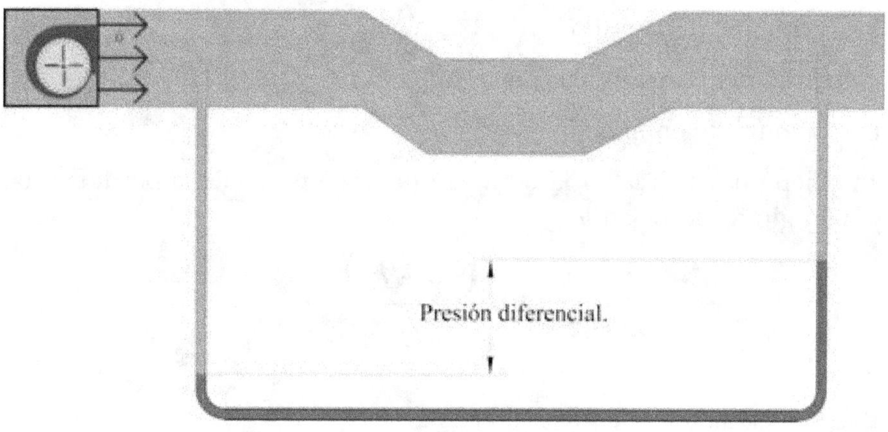

Medición de perdida de carga

La presión en un conducto de aire va bajando a medida el aire va recorriendo dicho conducto, de forma lineal.

La pérdida de presión en un tramo depende de su longitud y de los factores mencionados.

4.2. Pérdida de carga unitaria

Es la caída de presión en un metro lineal de conducto.

Se expresa en Pa/m (pascales por metro), o mm.c.a/m. Se denomina J.

En algunas gráficas se expresa en Pa/100 m (Pascales por 100 m de conducto)

4.3. Pérdida de carga total

Conociendo la pérdida de carga unitaria "J" de un conducto, podemos saber la pérdida total en un tramo de longitud "L".

$$P_2 - P_1 = J \times L$$

Siendo:

$(P_2 - P_1)$ = Pérdida de carga en el tramo en Pascales

P_2 = Presión en el punto n° 2 en Pascales.

P_1 = Presión en el punto n° 1 en Pascales.

J = Perdida de carga unitaria en P/m.

L = La longitud en m.

También podemos saber la pérdida unitaria a partir de la pérdida total y la longitud. Despejando:

$$J = \frac{(P_2 - P_1)}{L}$$

Siendo:

$P_2 - P_1$ = caída total de presión Pa.

L = longitud del conducto m.

J = Pérdida de carga unitaria Pa/m.

Ejemplo

Si en un conducto de 50 m de longitud la presión cae desde 10 hasta 5 mm.c.a., ¿cuál es la pérdida unitaria?:

Solución

Pérdida total de presión en el tramo = 10 – 5 = 5 mm.c.a.

L = 50 m.

J = 5 / 50 = 0,1 mm.c.a/m.

Ejemplo

¿Qué pérdida de carga tendrá un conducto de 60 m de longitud, si la pérdida de carga unitaria es de 50 Pa/m?

Solución

$(P_2 - P_1) = J \times L$

$(P_2 - P_1) = 50 \times 60 = 3.000$ Pa.

5. NIVEL SONORO

Es el nivel de ruido que produce la circulación del aire en conductos o rejillas, se mide en decibelios dBA, mediante un instrumento llamado **sonómetro**.

La escala de decibelios es de tipo logarítmico, ya que el oído humano tiene una sensibilidad muy amplia. Algunos valores de ejemplo son:

Nivel de percepción en silencio absoluto: 20 dBA.

Frigorífico doméstico a 1 m: 30 dBA.

Climatizador 30 a 34 dBA

Calle durante el día 40 a 60 dBA.

Conversación dos personas: 60 dBA.

Discoteca nivel alto: 90 dBA

Nivel doloroso: 120 dBA.

En el caso de los conductos de aire, el nivel sonoro es determinante para su cálculo, y dependiendo de su uso, no sobrepasaremos unas velocidades máximas, para evitar molestias en el local donde se instalen.

Es decir, deberemos elegir la velocidad máxima del aire en función del nivel máximo de ruido admitido en el local. Para ello podemos tomar:

- Viviendas < 35 dBA.
- Locales < 40 dBA.
- Grandes locales < 50 dBA

Hay que tener en cuenta, al ser la escala de los decibelios de tipo exponencial, 3 dBA pueden significar un nivel del doble del inicial. Dicho de otra forma, dos equipos que emiten un ruido de 40 dBA cada uno, hacen juntos un ruido de 43 dBA.

El ruido de un conducto es bastante proporcional a la pérdida de carga unitaria del mismo.

6. FÓRMULAS PARA EL CÁLCULO DE CONDUCTOS

Para el cálculo de la pérdida de carga en conductos se utiliza la fórmula de Darcy-Weisbach, que en conductos circulares es:

$$\Delta P = P_2 - P_1 = K \times f \times \frac{Q^2}{D^5} \times L$$

Siendo:

- K coeficiente numérico según unidades empleadas.
- f factor de fricción que depende del material interior y del régimen de flujo.
- Q caudal de aire.
- L longitud el tramo.
- D diámetro interior.

Una fórmula muy utilizada para conductos lisos es:

$$\Delta P = 1{,}51 \times \frac{Q^{1{,}924}}{D^{5{,}129}} \times L \times 10^{-6}$$

Expresados:

P en Pascales

Q en m^3/s.

L en metros.

D en metros.

Para simplificar los cálculos se suelen utilizar ábacos con los que podemos averiguar la pérdida unitaria (por cada metro lineal de conducto) que nos produce un conducto por el que pasa un determinado caudal.

En el gráfico siguiente, si conocemos el caudal y el diámetro del conducto, hallaremos la pérdida de carga unitaria. Y si lo multiplicamos por la longitud del tramo, obtendremos la pérdida de carga total.

$$P_2 - P_1 = J \times L$$

Ejemplo

Si tenemos un conducto con:

Caudal 1500 m^3/h.

Diámetro 360 mm.

Hallar la caída de presión si el conducto tiene 50 m de longitud.

Usando el gráfico

1° Entramos por el caudal de 1500 m^3/h, hasta tocar la línea inclinada del diámetro de 360 mm.

2° Bajamos y en el eje horizontal obtenemos una pérdida de carga de 0,045 mm.c.a.

Luego:

Pérdida total = 0,045 x 50 m = 2,25 mm.c.a.

Perdida de presión en los conductos de aire.
(Conducto circular de chapa)

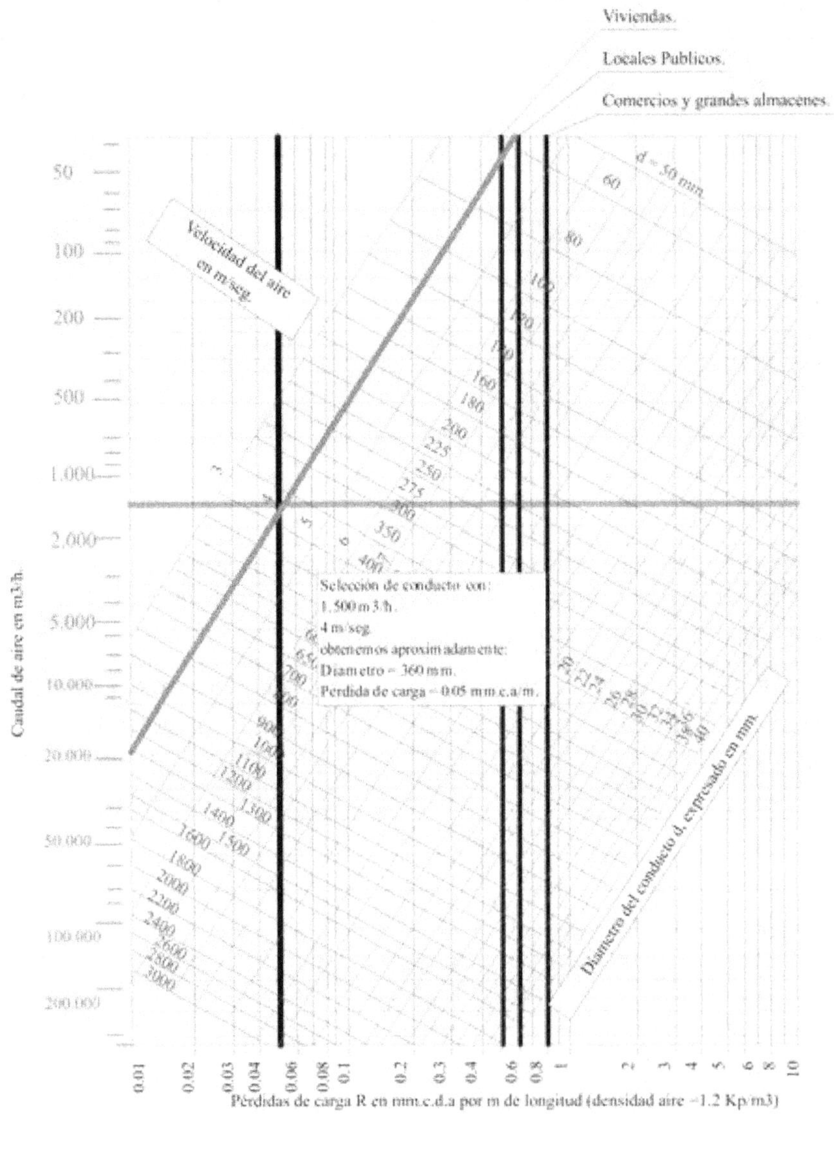

Sin embargo, si conocemos el caudal que pasa, y lo que queremos es averiguar las dimensiones que tiene que tener un conducto de aire, lo que haremos es **fijar una pérdida de carga unitaria J por metro de conducto**, que dependerá del lugar donde se instale el conducto (viviendas, locales, grandes locales). Partiendo del caudal, hallaremos el diámetro del conducto necesario (ver flecha de la figura superior).

La pérdida unitaria que fijamos depende del nivel sonoro máximo admitido en el local:

Viviendas: 0,05 mm.c.a./m (50 Pa)

Locales: 0,06 mm.c.a./m (60 Pa)

Grandes centros comerciales: 0,8 mm.c.a./m (80 Pa)

Ejemplo

Dimensionar un conducto de aire para una vivienda que transporte 1300 m^3/h.

Solución

Con el gráfico anterior:

1° Partimos del caudal de 1300 m^3/h y nos desplazamos en horizontal hasta la raya vertical de 0,05 mm.c.a/m.

2° En ese punto, la raya inclinada del diámetro es de 360 mm. Adoptamos un conducto de 360 mm.

Para calcular una red de conductos de aire con fijaremos una pérdida de carga unitaria igual para todos los tramos. Una vez dimensionada, la presión necesaria será igual a la pérdida unitaria que hayamos fijado, multiplicada por la longitud hasta el punto más alejado del conducto.

$$P_2 - P_1 = J \times L$$

L = longitud del recorrido más largo la red.

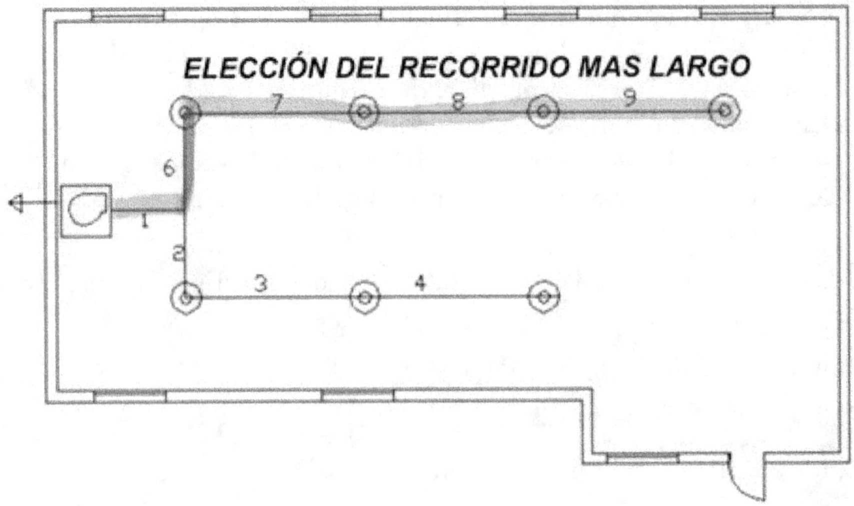

Imagen de una red indicando el recorrido mayor

Este sistema de calcular conductos se denomina **"pérdida de carga constante"**.

7. PÉRDIDAS DE CARGA EN CODOS Y ACCESORIOS

En las curvas, en las bifurcaciones y en los cambios de sección de los conductos se producen pérdidas de carga adicionales, que deberemos sumar para hallar la pérdida de carga total.

Las rejillas de toma y salida de aire también producen pérdidas que encontraremos en los catálogos de selección de los fabricantes.

Al final de la unidad didáctica se han adjuntado unas tablas para hallar estas pérdidas adicionales.

Longitud equivalente

Es la longitud de un conducto que ocasionaría una pérdida de carga igual al accesorio considerado.

De esta forma sumamos a la longitud del conducto la longitud equivalente de codos y accesorios, y calculamos el conducto con los gráficos normales.

Ejemplo

Un conducto de 60 m tiene una pérdida unitaria de 50 Pa/m y tiene dos codos con una longitud equivalente de 10 m cada uno. Hallar la pérdida de carga total.

Solución

Longitud total = 60 m conducto + 10 + 10 (codos) = 80 m.

Pérdida total

$(P_2 - P_1) = J \, . \, L$

$(P_2 - P_1) = 80 \text{ m} \, . \, 50 \text{ Pa/m} = 40.000 \text{ Pa}.$

8. CÁLCULO DE REDES DE CONDUCTOS DE AIRE DE VENTILACIÓN

El cálculo de conductos de aire tiene por objeto determinar las dimensiones de cada uno de los tramos, conocer su pérdida de carga, y verificar que el ventilador es capaz de generar la suficiente presión para que circule el aire requerido en el proyecto.

Las redes de conductos de distribución de aire pueden ser simples, con un solo tramo, o con muchos ramales, curvas, reducciones, etc., pues en la mayoría de casos deberemos adaptarnos al edificio en el que se instalen.

Discurren por los espacios que han previsto en el proyecto, desde el equipo climatizador o ventilador, hasta las diferentes estancias del establecimiento.

Vamos a describir un sistema sencillo para su cálculo y dimensionado, tramo por tramo.

Aunque hay varios métodos para calcular conductos de aire, vamos a describir únicamente el método de la **pérdida de carga constante** que antes hemos explicado.

Con este método fijamos una pérdida de carga constante para todos los tramos del conducto, en Pa por metro, independientemente de su tamaño. Es decir, en todos los tramos de la red de conductos la pérdida unitaria es igual.

La pérdida total de la red de conductos será la longitud máxima hasta la rejilla más alejada, multiplicada por la pérdida por metro adoptada para toda la red.

Ejemplo

La longitud del conducto desde el ventilador hasta la última rejilla es de 25 m. El conducto se ha dimensionado con una pérdida unitaria de 40 Pa/m. Calcular la pérdida de carga total.

Pérdida unitaria 40 Pa/m.

Pérdida total = 40 Pa/m x 25 m = 1000 Pa.

Seguidamente sumaremos lar pérdidas localizadas en rejillas, codos, etc., o habremos sumado sus longitudes equivalentes a la longitud total del conducto.

Ejemplo

En el caso anterior, la hay de seis codos, con una longitud equivalente de 4 m cada uno.

Longitud de codos = 6 x 4 = 24 m.

Pérdida total = 40 Pa/m x (25 + 24) m = 1960 Pa.

8.1. Proceso de la red

Proceso de cálculo de una instalación de ventilación

Partiremos de los datos siguientes:

- **Caudal** a extraer o impulsar, en m^3/h, que nos viene dado por las necesidades del local o sus ocupantes, descritas en la Unidad Didáctica 2.
- **Material del conducto**, chapa, fibra, obra, etc.
- **Tipo de local en el que se instale** el conducto, que nos permite fijar la pérdida de carga unitaria.

En el caso de equipos climatizadores donde no conocemos el caudal de impulsión, podemos calcularlo multiplicando su potencia frigorífica en Watios 0,24.

$$Q = P \times 0{,}24$$

Siendo:

Q= Caudal de aire en m^3/h.

P = Potencia del climatizador en W.

Ejemplo

En un local se va a instalar un climatizador de 40.000 Kcal/h. Calcular el caudal de aire aproximado que impulsará en m^3/h.

Solución

Pasamos las Kcal/h a Watios.

40.000 x 1,16 = 46.400 Watios

Calculamos el caudal:

46.400 x 0,24 = 11.136 m^3/h

8.2. Esquema de la red

Trazar un esquema del conducto

Primeramente situaremos las rejillas por el local.

Para distribuir las rejillas por un local, podemos dibujar una malla con una distancia entre punto igual a la altura libre del local; es decir, si el local tiene 4 m de alto, dibujar las rejillas separadas 4 m unas de otras.

Hay que tener en cuenta que la separación de las paredes debe ser la mitad (2 m).

Posteriormente repetimos la operación, pero con una separación igual a 1,5 h, dibujar la malla (4 x 1,5 = 6m), y entre ambas soluciones elegir la más adecuada (la que cuadre más exacta).

En la unidad didáctica 4 veremos con más detalle la selección de rejillas y difusores para un local, pero para un dimensionado inicial con el criterio anterior es suficiente.

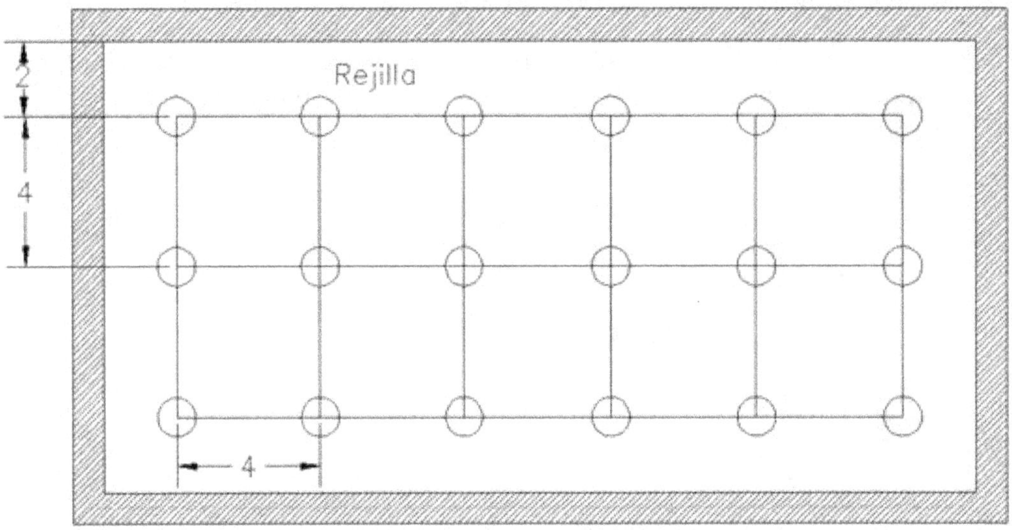

Dibujo de rejillas distribuidas en un local

Seguidamente vamos a dividir la red en tramos y luego los numeramos en el sentido del movimiento del aire, teniendo en cuenta que:

- Siempre que cambie el caudal es un tramo distinto (hay una rejilla, hay una derivación).
- Siempre que cambie el tamaño es un tramo distinto.
- Aunque haya curvas y codos, el tramo es el mismo.

8.3. Caudal por rejilla

En un local se puede hacer una aproximación dividiendo el caudal total entre el número de rejillas, de esta forma obtenemos el caudal de cada rejilla.

Como norma general consideraremos que:

- El caudal de una rejilla estará entre 400 y 800 m^3/h
- El caudal de un difusor estará entre 600 y 2.000 m^3/h.
- En locales muy altos estos valores aumentan.

8.4. Suma de caudales

Sobre el esquema del conducto vamos sumando los caudales que circulan por cada rama, en el sentido del flujo del aire.

Escribimos sobre cada rama el caudal que circula por ella.

8.5. Hallar diámetros

Utilizaremos la gráfica de cálculo de conductos del Anexo 1.

Hallar el diámetro de cada tramo con la gráfica de pérdidas de carga.

Entrar horizontalmente por el caudal del tramo hasta cruzar la línea vertical de pérdida de carga adoptada, y obtenemos el diámetro resultante (líneas inclinadas). Si quedamos entre dos líneas, elegir la mayor arriba o abajo.

Repetir para todos los tramos,

anotando el diámetro resultante de cada una de ellas. Comprobar que la velocidad del aire no sobrepasa los valores indicados en la tabla de velocidades máximas (al final del tema). Si sobrepasa, elegir el diámetro siguiente.

La pérdida de carga unitaria a adoptar depende del tipo de local donde se instalen los conductos.

Tomaremos:

Pérdida de carga a seleccionar según tipo de local.		
Tipo de local.	mm.c.d.a/m.	Pa/m.
Viviendas y locales silenciosos (cines, museos, bibliotecas)	0,05	0,5
Locales comerciales, tiendas, bares, restaurantes	0,07	0,7
Grandes centros comerciales y locales ruidosos	0,1	1
En conductos de alta velocidad donde no importe el ruído.	0,3 – 0,5	3 - 5

8.6. Transformar en rectangular

Utilizaremos la gráfica de conversión circular-rectangular del Anexo 1.

Si el conducto debe de ser rectangular:

Transformaremos la sección circular a rectangular.

Es decir vamos a encontrar un conducto rectangular que tenga una pérdida de carga similar al conducto circular que hemos calculado.

Ahora tenemos dos dimensiones: el ancho y el alto del conducto. Si aumentamos una, nos bajará la otra, y viceversa.

Para ello utilizaremos una tabla de conversión (al final del tema) con el proceso siguiente:

- Adoptamos una altura máxima, que nos vendrá condicionada por la altura del local, o la del falso techo por donde discurrirán los conductos. En viviendas, de 12 a 16 cm., en pequeños comercios de 20 a 40 cm., en grandes locales hasta 90 cm. Otro sistema es hacer cuadrado el último tramo (el más pequeño), y adoptar su alto.
- Con la tabla de conversión de conducto circular a rectangular, entrar horizontalmente con la altura elegida, hasta encontrar el diámetro calculado en la rama, subir y obtener el ancho.
- Si el ancho es mayor de 3 veces el alto el conducto queda muy aplanado, y conviene aumentar el alto para que el ancho se reduzca. Es decir no conviene realizar conductos muy planos, pues habrá que reforzarlos con tabicas interiores para que no se deformen y se aumentará considerablemente el gasto en materiales.

Una vez dimensionado el conducto, anotar las medidas en mm. de cada rama, e intentar unificar a tamaños pares y múltiplos de 10 (200x240, 600 x 320).

8.7. Dimensionar rejillas

Dimensionar las rejillas o difusores con un catálogo que nos indique el ruido que producen a diferentes caudales (ver apartados siguientes). Este proceso lo aprenderemos con detalle en la Unidad Didáctica 4.

Recomendaciones para dimensionar conductos de aire:

- Es recomendable sobredimensionar un poco los tramos finales, ya que tendrán la mayor pérdida de carga de la red.

- En el conducto principal sólo reducir una dimensión, el ancho o el alto, procurar no cambiar las dos a la vez, pues resulta una pieza complicada de construir.
- Aprovechar los ramales para reducir la altura.
- En los ramales cortos podemos unificar reducciones. No hace falta reducir tras cada rejilla.

PASOS A SEGUIR EN EL DISEÑO DE CONDUCTOS.

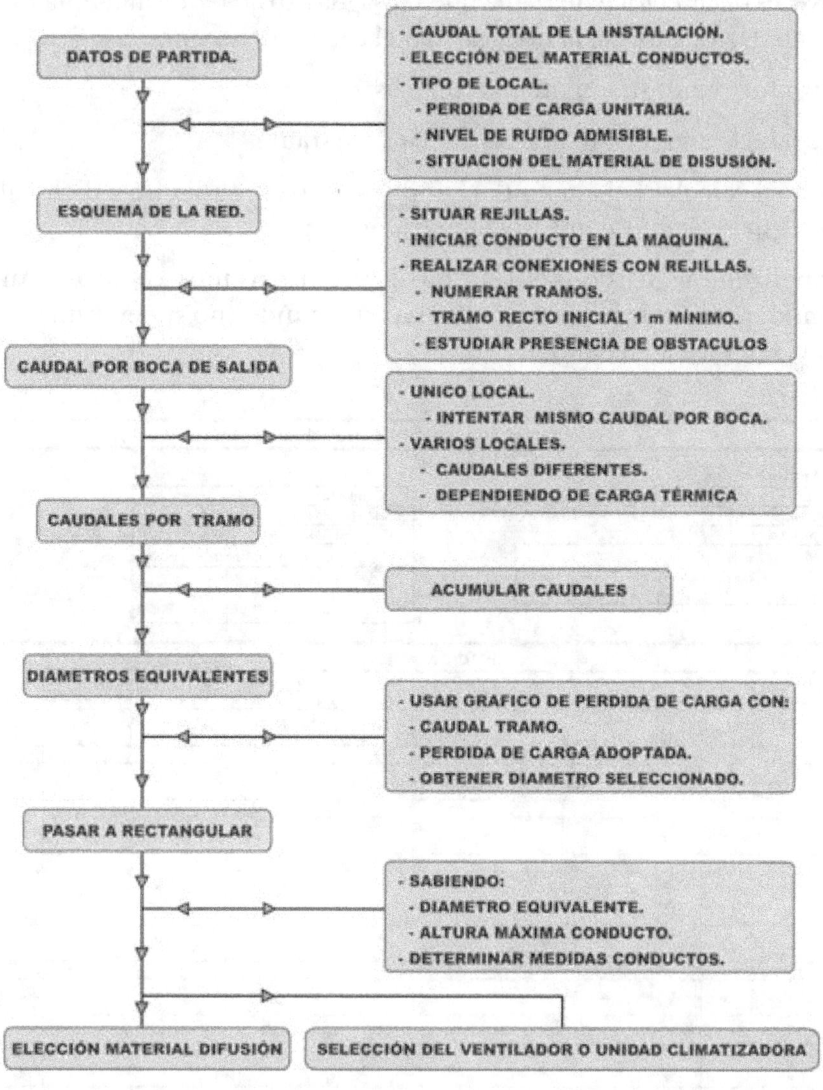

Hoja de ruta para cálculo de una red de conductos

8.8. Hoja de cálculo de conductos

El proceso anterior puede hacerse muy cómodamente mediante una hoja de cálculo, como la del ejemplo siguiente. **En esta hoja sólo debemos modificar los valores de las celdas de color verde**.

Hay que realizar previamente el esquema de la red, situando las rejillas y numerando los tramos.

En la hoja de cálculo introduciremos primeramente el caudal total, el número de rejillas, y el tipo de local.

Seguidamente, en cada tramo introduciremos el número de rejillas que sirve, es decir el total de rejilla que hay aguas abajo o que alimenta dicho tramo. De esta forma la hoja calcula el caudal del tramo.

Introduciremos su longitud en metros.

Introduciremos el alto adoptado para ese tramo.

La hoja calculará el ancho del conducto correspondiente a dicho alto, para que sea equivalente al diámetro necesario.

Repetiremos en todos los tramos, y cambiaremos el alto cuando consideremos que el ancho es demasiado grande (no superar un ancho mayor del triple del alto).

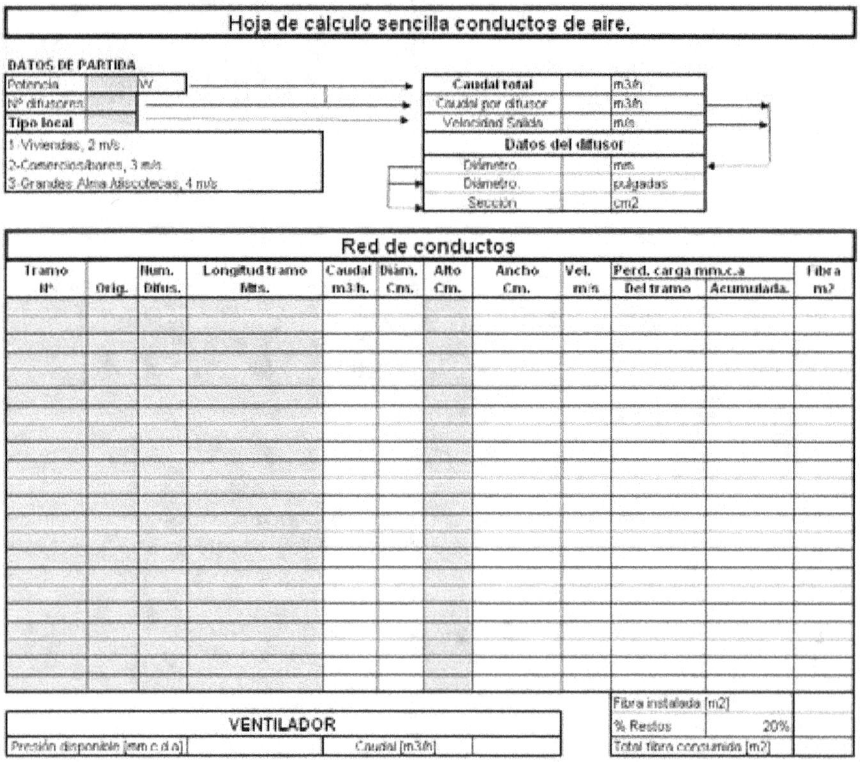

Hoja de cálculo de una red de conductos

8.9. Ejemplo de cálculo de una red de conductos de aire

Ejemplo de red de conductos de aire en una cafetería:

Se ha calculado una instalación de climatización con una potencia de 11.450 W.

El caudal de aire impulsado por la climatizadora lo obtenemos con la fórmula:

$$Q = P \times 0{,}24 = 11.450 \times 0{,}24 = 2.750 \frac{m^3}{h}$$

Como vamos a instalar 8 difusores, el caudal por cada difusor será de:

$$Q_{unitario} = \frac{Q_{Total}}{n^{o}\ de\ difusores} = \frac{2.750}{8} = 344\ m^3/h.difusor$$

Según datos del fabricante se selecciona un difusor de 10 pulgadas (250 mm).

Hacemos un esquema de la red y numeramos los tramos en el sentido de la circulación del aire.

Calculamos el caudal que pasa por cada tramo viendo los difusores que hay aguas abajo. Por ejemplo, el tramo n° 7 sirve a tres difusores, por lo que su caudal será de 344 m^3/h x 3 = 1.032 m^3/h.

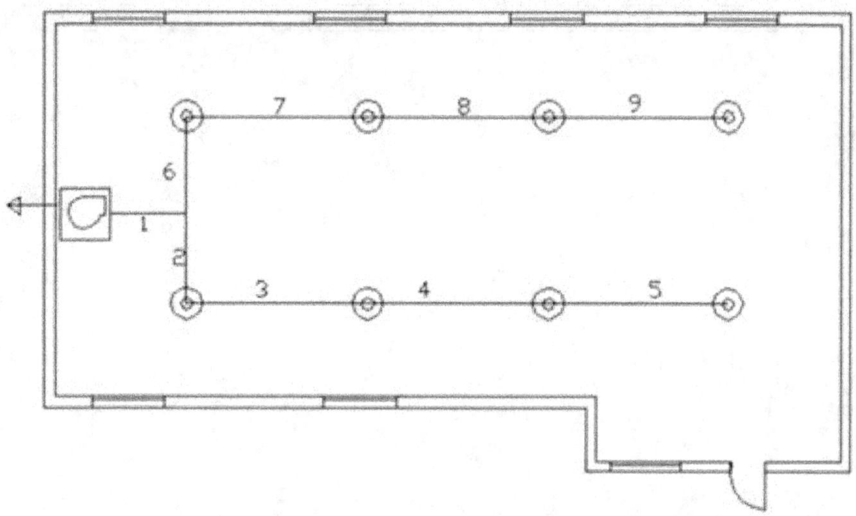

Formas de conductos

A continuación se resuelve el diseño de los conductos, mediante una hoja de cálculo.

En dicha hoja se calcula también el diámetro equivalente, y la superficie de fibra necesaria para su fabricación.

Se ha adoptado un alto de 20 cm para todos los tramos, menos el primero que es de 30 cm.

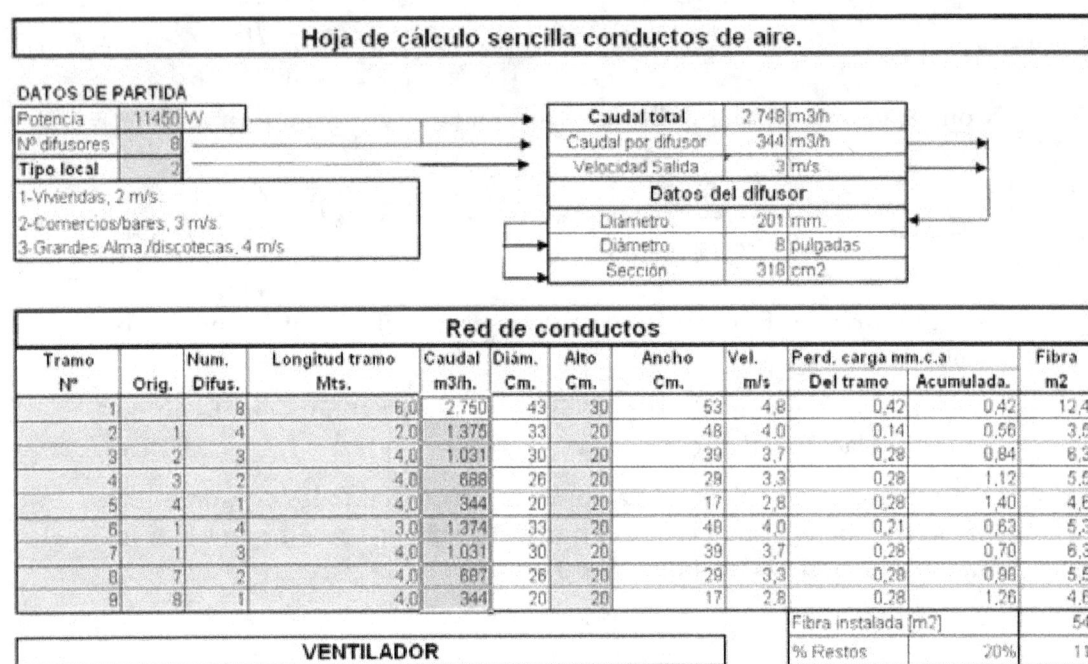

Hoja de cálculo sencilla conductos de aire.

DATOS DE PARTIDA

Potencia	11450	W
Nº difusores	8	
Tipo local	2	

1-Viviendas, 2 m/s.
2-Comercios/bares, 3 m/s.
3-Grandes Alma /discotecas, 4 m/s

Caudal total	2 748	m3/h
Caudal por difusor	344	m3/h
Velocidad Salida	3	m/s
Datos del difusor		
Diámetro	201	mm.
Diámetro	8	pulgadas
Sección	318	cm2

Red de conductos

Tramo Nº	Orig.	Num. Difus.	Longitud tramo Mts.	Caudal m3/h.	Diám. Cm.	Alto Cm.	Ancho Cm.	Vel. m/s	Perd. carga mm.c.a Del tramo	Perd. carga mm.c.a Acumulada.	Fibra m2
1		8	6,0	2.750	43	30	53	4,8	0,42	0,42	12,4
2	1	4	2,0	1.375	33	20	48	4,0	0,14	0,56	3,5
3	2	3	4,0	1.031	30	20	39	3,7	0,28	0,84	6,3
4	3	2	4,0	688	26	20	29	3,3	0,28	1,12	5,5
5	4	1	4,0	344	20	20	17	2,8	0,28	1,40	4,6
6	1	4	3,0	1.374	33	20	48	4,0	0,21	0,63	5,3
7	1	3	4,0	1.031	30	20	39	3,7	0,28	0,70	6,3
8	7	2	4,0	687	26	20	29	3,3	0,28	0,98	5,5
9	8	1	4,0	344	20	20	17	2,8	0,28	1,26	4,6

Fibra instalada [m2]		54
% Restos	20%	11
Total fibra consumida [m2]		65

VENTILADOR

Presión disponible [mm c d a]	0,42	Caudal [m3/h]	2 748

9. CÁLCULO DEL MATERIAL NECESARIO PARA EL CONDUCTO

Como el material de los conductos de fibra se suministra en planchas, es necesario conocer cuántos m² de fibra necesitaremos para construir el conducto.

Si hacemos el conducto con planchas de fibras realizadas en obra, tendremos que calcular la superficie que necesitamos para cada tramo recto con la fórmula:

$$S = L \times 2 \times (A + B + 0{,}1)$$

Siendo:

S= Superficie de material para conducto en m².

L = longitud del tramo en m.

A = Ancho interior del conducto en m.

B = Alto interior del conducto en m.

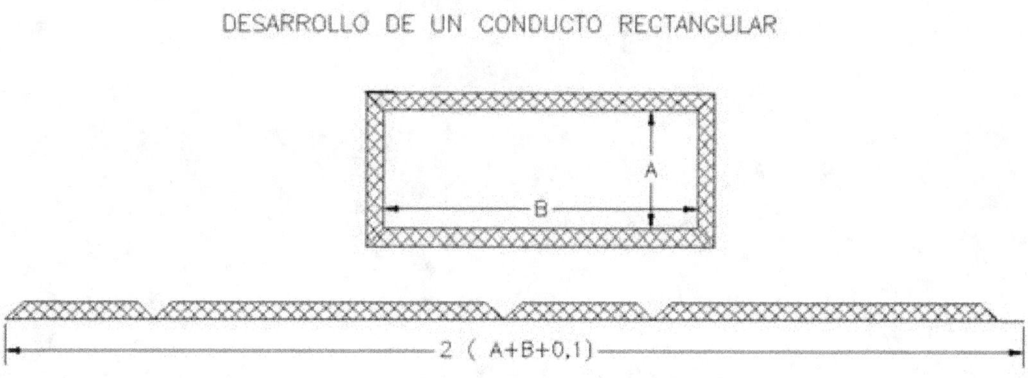

Desarrollo de un conducto rectangular

En el caso de codos, tes, reducciones, etc., calcular la superficie en planta y multiplicarla por 3.

En el caso de conductos de chapa la fórmula es:

$$S = L \times 2 \times (A + B)$$

Siendo:

S= Superficie de material para conducto en m².

L = longitud del tramo en m.

A = Ancho interior del conducto en m.

B = Alto interior del conducto en m.

Para las piezas especiales de chapa, como codos, tes, derivaciones, etc., deberemos realizar un plano exacto de la red de conductos, para enviarlo al fabricante, pues las piezas se construyen en los talleres, y deben encajar en la obra sin errores.

Ejemplo

Calcular la fibra necesaria para fabricar un conducto de aire rectangular de 60 cm de ancho, 40 cm de alto y 4 m de largo.

Solución

A = 0,6 m.

B = 0,4 m.

L = 4 m.

S = L x 2 x (A+B+0,1) = 4 x 2 x (0,6 + 0,4 + 0,1) = 8,8 m^2.

10. CONDUCTOS CON CHAPA DE ACERO

Los conductos con chapa de acero galvanizado se usan generalmente en extracciones de aire o gases que puedan alcanzar altas temperatura, como cocinas, chimeneas de calderas, garajes, etc.

El material de los conductos de chapa está calificado como M0, lo que significa que es incombustible, y resistente al fuego.

Conducto de chapa

También se utilizan en instalaciones de climatización pero con una capa interior aislante de goma o coquilla.

Los conductos pueden ser de sección circular o rectangular. Los de sección circular se fabrican con una lámina de chapa arrollada en espiral y unida por un encaje o "engatillado".

Los diámetros de los conductos están normalizados y suelen variar en incrementos de 10 cm: 10, 20 ,30, 40, 50, 60, 70, 80 .

Los de sección cuadrada también están normalizados, pero pueden fabricarse para tamaños especiales.

Formas de conductos

Las piezas normalizadas son:

- Codos curvos.
- Codos rectos con tres o más secciones.
- Derivaciones rectas a uno o dos lados.
- Derivaciones inclinadas a uno o dos lados.
- Reducciones y cambios de dimensión.

Accesorios normalizados tes y codos

El acabado exterior puede ser galvanizado o lacado blanco.

Las uniones se realizan mediante encajes con junta de goma y remaches o tornillo auto-roscantes.

11. CONDUCTOS CON TUBOS FLEXIBLES

Los tubos flexibles están formados por dos láminas de aluminio o PVC con un aislante de fibra intercalado, y una espiral de acero templado interior que le permite mantener su sección circular.

Se utilizan para derivar un conducto principal o secundario a la boca de salida, de forma que su situación definitiva puede ser variada hasta el último momento en la obra.

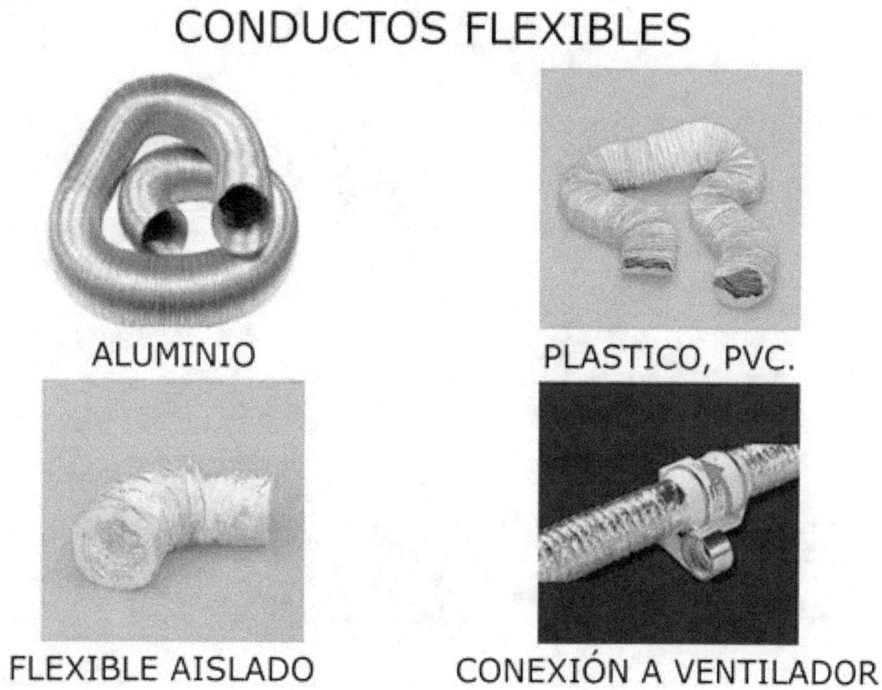

Permiten dejar realizadas las embocaduras a rejillas o difusores en el momento de la instalación del conducto, para que una vez colocado el falso techo, poder perforarlo y conectar con facilidad a los elementos de difusión, atornillando la rejilla a la embocadura del flexible.

Los tubos flexibles permiten salvar obstáculos como tuberías o vigas descolgadas, sin necesidad de complicadas piezas especiales que requieren los conductos rígidos.

Sin embargo presentan como inconvenientes una gran pérdida de carga que pueden llevar a graves problemas de falta de caudal y originar un ruido más elevado que los conductos rectos.

La tendencia actual es al aumento de este tipo de conductos, por su rapidez y economía de montaje.

Las piezas más utilizadas son:

- Acoplamientos a conducto recto. Piezas circulares con pestañas, para atornillar al conducto de chapa.
- Manguitos de unión cilíndricos con dos rebordes, para hacer empalmes.
- Embocaduras a rejillas cuadradas o plenum de rejilla.
- Tes y codos.

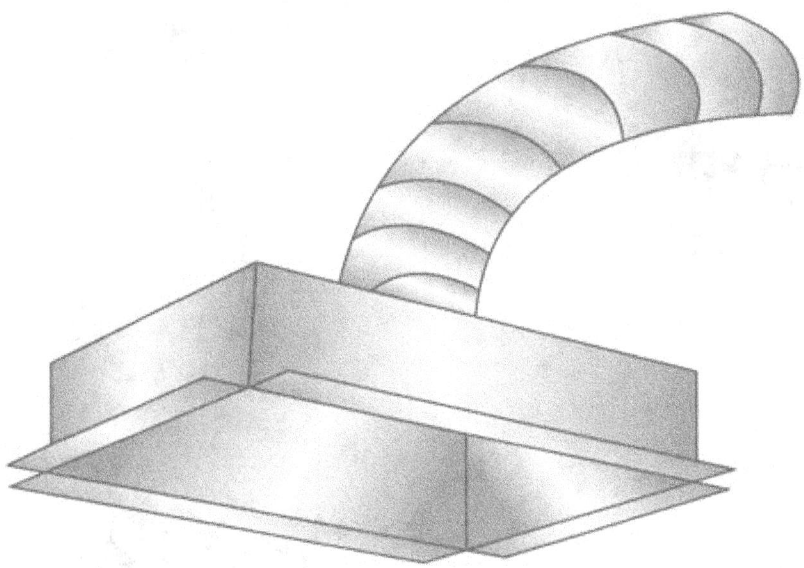

Plenum para rejilla

Todo ello se realiza generalmente en chapa de acero galvanizado o aluminio.

Las uniones se realizan con abrazaderas metálicas o bridas de poliéster. Posteriormente se encinta la unión con aluminio para que quede estanca.

12. CONDUCTOS ESPECIALES Y ACCESORIOS

Con planchas rígidas de poliisocianurato

En el caso de tener que realizar los conductos de forma que queden vistos, los conductos de fibra de vidrio no ofrecen un aspecto demasiado bueno, por lo que es conveniente realizarlos con otro tipo de planchas más rígidas, como los paneles de aluminio con poliuretano o poliisocianurato (praxa).

Estos paneles se cortan de forma casi igual a la fibra de vidrio, pero sellando las uniones con silicona o cola blanca.

Mientras pega la cola, pueden atornillarse o graparse.

Posteriormente se encintan las uniones con aluminio, cuidando su buen aspecto final.

La separación entre soportes es mayor que con fibra de vidrio, oscilando entre 3 ó 4 m.

Su precio es también similar a la fibra de vidrio, y el tiempo de montaje es incluso inferior.

Conductos con fibras textiles

La principal característica de estos conductos es que la difusión del aire la realiza el propio conducto por toda su superficie, sin necesidad de bocas de salida.

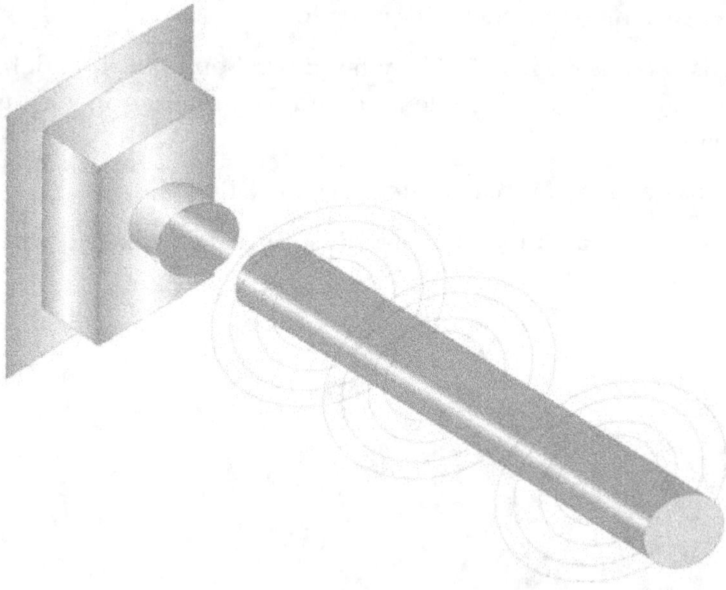

Conductos de fibras textiles

Se utilizan instalados de forma vista, en lugares donde no se permiten corrientes de aire, como instalaciones de fabricación de productos alimenticios, piscinas, etc.

También pueden plegarse al finalizar la impulsión de aire, como una cortina.

Otra ventaja es que pueden descolgarse y lavarse perfectamente.

Conductos de escayola

Se encuentran en desuso.

Elementos complementarios de ventilación

Otros elementos de las redes de ventilación son:

- **Persianas de sobrepresión**: se abren al circular el aire, se colocan en la descarga exterior. Impiden la entrada de aire en sentido inverso, pájaros, etc.
- **Compuertas**, para regular el caudal en los tramos principales. Pueden ser de regulación manual fija, o automática mediante un servomotor.
- **Compuertas cortafuegos**, para impedir que en caso de incendio el humo se propague por todo el edificio. Se cierran mediante resorte disparado por un detector de temperatura o una señal eléctrica de la centralita de incendios del edificio.
- **Campanas**, para recoger el aire localizado en una zona. En el caso de cocinas incorporan filtros de retención de grasa, para impedir que se ensucien los conductos y ventiladores.
- **Registros o tapas de inspección y limpieza**. Son tapas que deben permitir introducir la cabeza de un operario, y realizar operaciones de limpieza.
- **Elementos de unión** entre conductos, rígidos, flexibles.
- **Elementos de fijación y suspensión**: soportes, varillas roscadas, alambres.

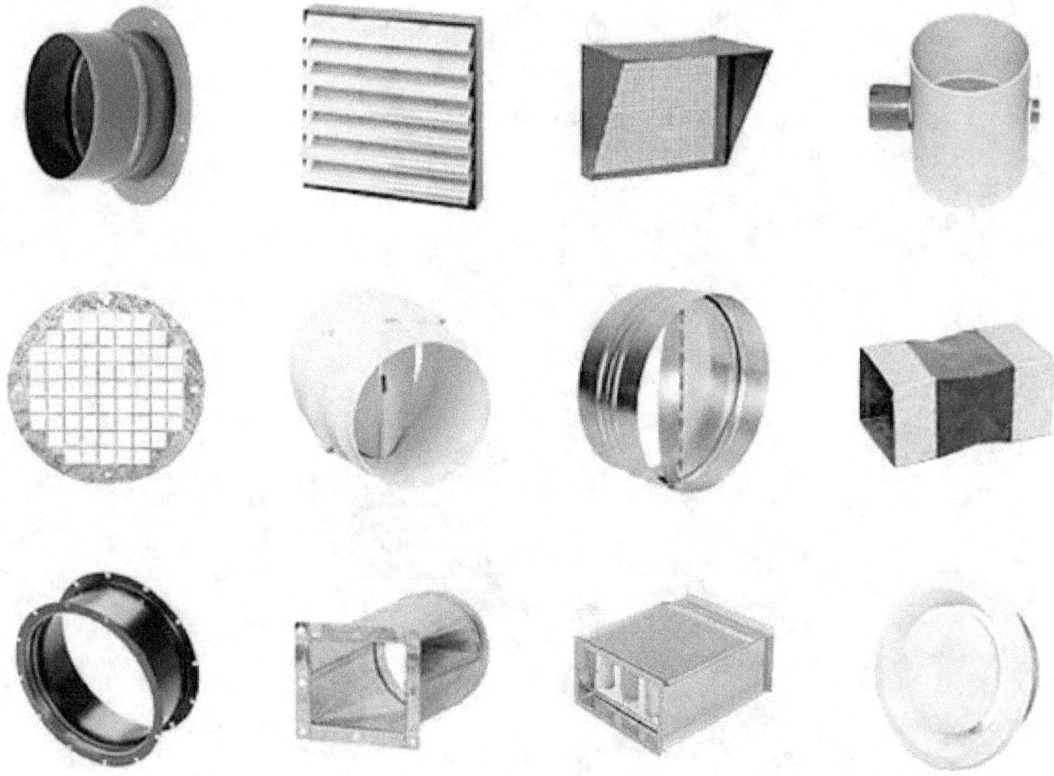

Accesorios de ventilación

13. PROCESO DE INSTALACIÓN DE CONDUCTOS DE AIRE

Para realizar una instalación de conductos de aire hay que seguir el proceso siguiente:

Conductos de fibra

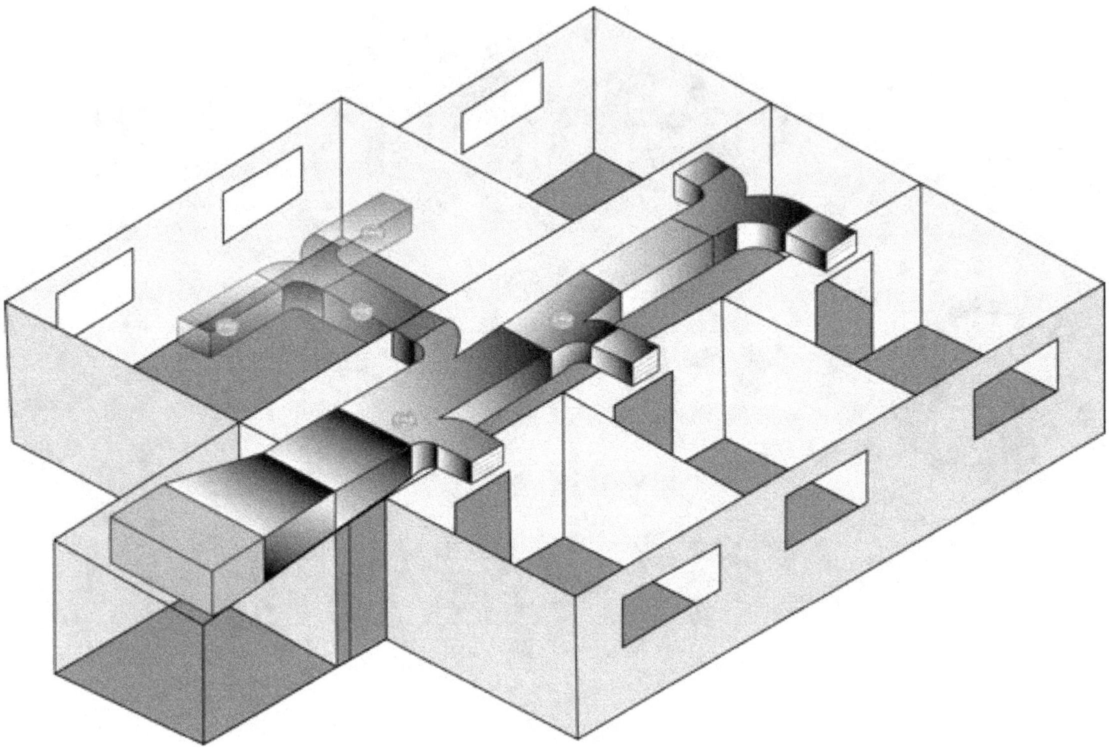

Instalación con conductos por el techo

a) Alzar un plano a escala del local, con las puertas, pilares, zonas de mesas o instalaciones, etc. Si es posible, tener también el plano de situación de puntos de luz y elementos decorativos existentes en el techo, así como vigas y otros obstáculos.

b) Situar la climatizadora o el ventilador en un lugar donde exista el máximo de altura y pueda ser registrable. Distribuir aproximadamente las bocas de salida de aire. Situar el retorno en un extremo, o en el centro, o donde más humos se generen (si éste realiza también la función de extracción).

c) Decidir la altura máxima de los conductos de acuerdo con la altura del falso techo, y si hay vigas u otros obstáculos. Si no hay limitación, adoptar el alto de los ramales finales, dimensionándolos cuadrados.

d) Calcular y dimensionar la red cuidando de unificar tamaños y reducir al mínimo las piezas especiales. Obtener la superficie total de fibra necesaria, sumándole un 20 a 25% de más por desperdicios. Encargar las rejillas y sus marcos.

e) Cuando el local esté con las instalaciones eléctricas y de fontanería ya realizadas, es el momento de fabricar y suspender los conductos. Éstos se pueden realizar en el suelo del propio local o en taller. Se unirán en tramos que permitan su manejo, y se elevarán, empalmarán y graparán. Se marcarán los puntos con bocas de salida con un círculo o cuadrado con rotulador.

f) Se instalará la máquina climatizadora con su acometida eléctrica, desagüe y línea para el mando o termostato. Los soportes deben descansar sobre tacos de goma o antivibradores, para evitar transmitir ruidos por la estructura.

g) Cuando el escayolista realice el falso techo, cubrirá nuestros conductos, pero deberá marcar bajo la escayola los puntos donde van las bocas con una cruz.

h) Antes de que pinten el techo deberemos cortar la escayola en los puntos marcados, y colocar los marcos de las rejillas o difusores. Si es preciso, deberán ser fijados con escayola o yeso. También realizaremos un registro para la máquina que a veces puede ser la propia rejilla de retorno.

i) Realizaremos el embocado de los marcos de las rejillas al conducto por el interior del agujero practicado, rellenando con trozos de fibra y encintando los bordes.

k) Una vez finalizado el local e incluso pintado, colocaremos las rejillas, y pondremos en marcha la instalación. Ajustaremos la regulación de cada rejilla para conseguir que el aire salga en todas a la misma velocidad, mediante un anemómetro y un embudo que abarque todo el difusor.

l) Si apareciesen ruidos excesivos en las bocas de salida o entrada, deberemos agrandarlas, o aumentar su número. También podemos variar la polea de los ventiladores del climatizador al objeto de reducir su velocidad de giro. Si en algún punto del local apareciesen corrientes de aire excesivas, deberemos ajustar la orientación de las rejillas para corregirlo, y en caso de ser difusores, cambiar su tipo por otro más abierto o cerrado.

Conductos de chapa

El proceso es igual hasta el punto **d**, en el que encargaremos a fábrica todas las piezas, remitiéndoles el plano lo más exacto posible.

Una vez recibidas las piezas de chapa las instalaremos, y si algún tramo no encaja o cabe, podemos recortarlo y remacharlo, o devolverlo a fábrica para que lo rectifiquen.

En caso de pequeños defectos, podemos cortar y modificar algún tramo con las herramientas siguientes:

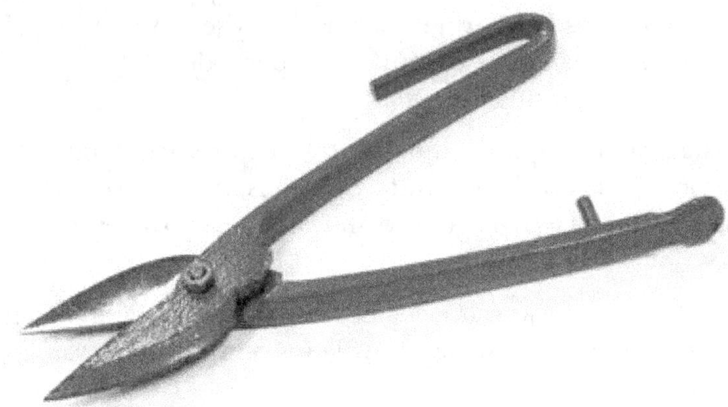

Tijeras de chapa

Corte:

- Tijeras de chapa.
- Máquinas de cortar chapa, amoladora.

Doblado:

- Alicates de presión para doblar.
- Dobladora de chapa.

Uniones:

- Remachadora.
- Tornillos rosca chapa.
- Soldadura por arco. Utilizar electrodos de 1 mm, soldando con puntos sin hacer cordones.

Elementos de fijación y unión

Los conductos de aire deben fijarse del techo de los locales mediante elementos de anclaje y suspensión, dado que normalmente van colocados a una altura inferior, y superior al falso techo.

Los sistemas de anclajes se realizan mediante los elementos siguientes:

Anclajes

- Tacos para tabiquería hueca:
  - Tacos de plástico expansivos.
  - Tacos metálicos expansivos.
  - Balancines.
  - Tacos químicos.
  - Alambre o brida pasada por dos perforaciones.
- Tacos para hormigón.
  - Tacos metálicos,
  - Tacos de plástico para hormigón.
  - Puntas expansivas con rosca.
- Perfiles empotrados en obra.
- Perfiles soldados a la estructura.
- Tornillos pasantes en paredes o forjados con pletina trasera.

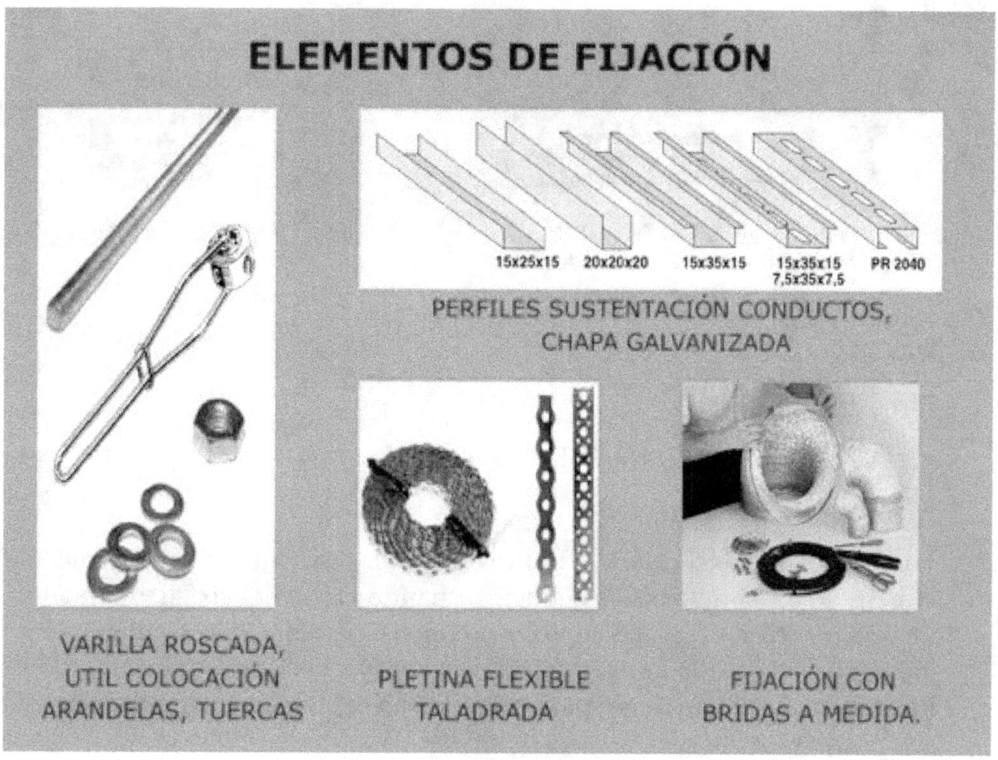

Suspensiones

- Varillas roscadas:
- Varillas M8, 10, cortadas a medida. C, tuerca D, Arandela E
- Flejes perforados: Se sirven en rollos de varios tamaños.
- Barras perforadas de apoyo: perfiles en forma de U, Omega, etc.
- Alambre y esquinas de plástico. Alambre 1 mm galvanizado en rollos.
- Abrazaderas colgadas.

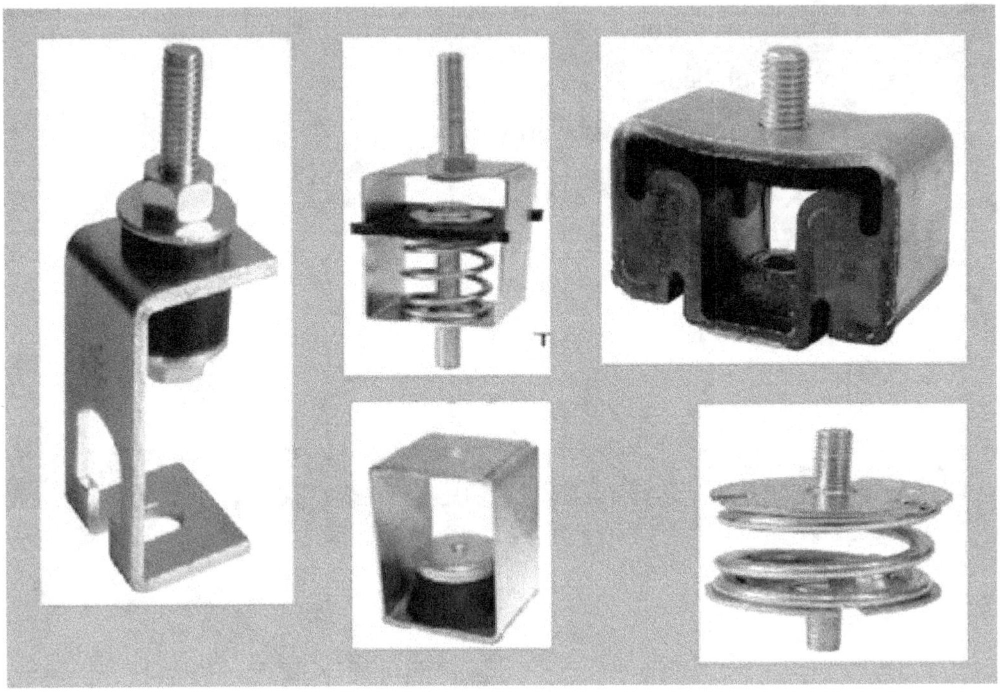

Soportes y suspensiones de conductos

Otros apoyos

- Escuadras y soportes atornillados a paredes.
- Anclajes en tramos verticales.

Los anclajes de los conductos de aire deben ser resistentes, pues aunque el peso de los conductos es pequeño, cuando circula el aire tienden a moverse y oscilar, y con el tiempo desprenden o parten los tacos y tirantes. También sucede que otras instalaciones aprovechan los soportes de la instalación de climatización para colgar diversos elementos que pueden sobrecargar los anclajes.

Hay que desechar por completo los anclajes con alambre a otras instalaciones del techo, como tuberías de agua, tubos eléctricos, etc. No es conveniente tampoco utilizar astillas de madera cruzadas en perforaciones de bovedillas, ni alambre pasados por dos agujeros de ladrillos o bovedillas.

Utilizar siempre tacos expansivos en tabiques de ladrillo, y tacos para hormigón en paredes macizas.

14. EL MANTENIMIENTO DE LOS CONDUCTOS DE AIRE

Los conductos de aire presentas los siguientes problemas con su uso:

Suciedad

Se acumula en su interior polvo fino de color negro, pelusas, telarañas, etc.

Para su limpieza hay varios procedimientos:

- Colocando aspiradoras en una boca e introduciendo una manguera de aire comprimidos que arrastre la suciedad hacia la aspiradora.
- Mediante robots con cepillos, que se introducen en el conductos y de manipulan a distancia.

Las rejillas y difusores deben limpiarse con aire a presión y un paño húmedo, para arrastrar la pelusa depositada.

Una vez limpio el conducto debe desinfectarse mediante un aerosol bactericida, que se introduce con el equipo en marcha por la impulsión, sin que haya personas en los recintos climatizados.

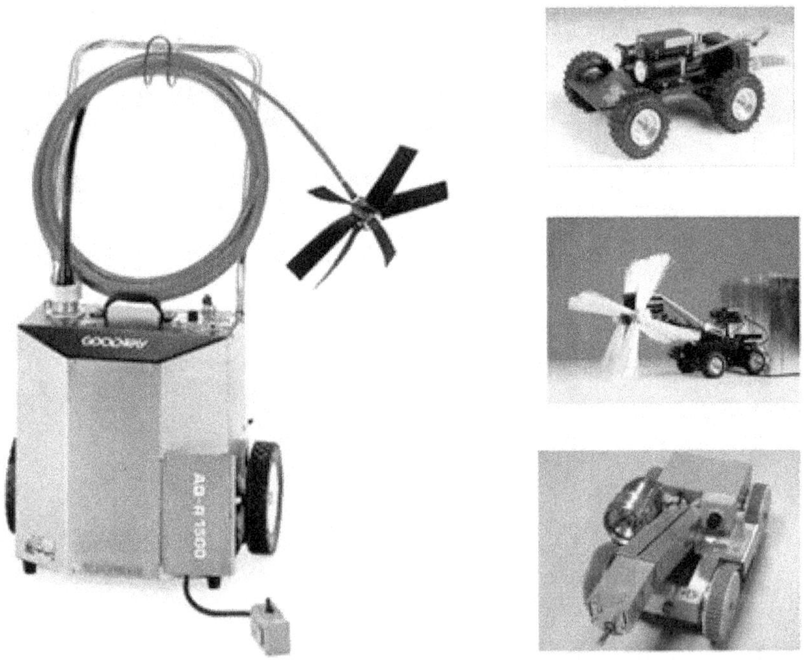

Limpiador de conductos

Corrosión

Los conductos de chapa pueden sufrir oxidación en ambientes húmedos, que debe pintarse con pinturas especiales para chapa galvanizada.

La corrosión puede dar lugar a perforaciones y desgarros del conducto, con la consiguiente pérdida de aire.

Destrucción por humedad

Afecta a los conductos de fibras minerales. La humedad perjudica al aglomerante de las fibras, y aumenta el peso del conducto, que se desmorona o agrieta.

Ruidos

Se producen generalmente por existir piezas sueltas en uniones, soportes, rejillas, etc., que al pasar el aire comienzan a oscilar y traquetear, produciendo ruidos muy molestos.

La solución es reapretar tornillos, o remachas las piezas sueltas.

También aparecen ruidos al cerrar excesivamente algunas bocas de salida, y desequilibrarse los caudales. Entonces se crean en el interior del conducto ondas de presión que generan vibraciones y rumorosidad. En estos casos muchas veces lo que procede es reducir los caudales de impulsión mediante el ajuste de las poleas de los ventiladores, o incluso realizando un by-pass en la máquina.

15. TRAZADO CON CONDUCTOS DE FIBRA

El trazado y fabricación de conductos de fibra requiere unas técnicas específicas para obtener unos productos finales adecuados a su función, duraderos y estéticos, que describimos a continuación.

Existen varios métodos de trazado que corresponden a las recomendaciones de los fabricantes; cada instalador con su experiencia adoptara uno o lo que más le interese de cada uno; hay que tener en cuenta que los fabricantes de herramientas de corte, que suelen coincidir con los fabricantes de panel establecen criterios propios y denominaciones de colores que a veces no coinciden entre si.

Cada fabricante tiene un manual de montaje y conformación de figuras que amplia lo expresado en este texto; aquí daremos a conocer las figuras más sencillas que se presentan en las instalaciones.

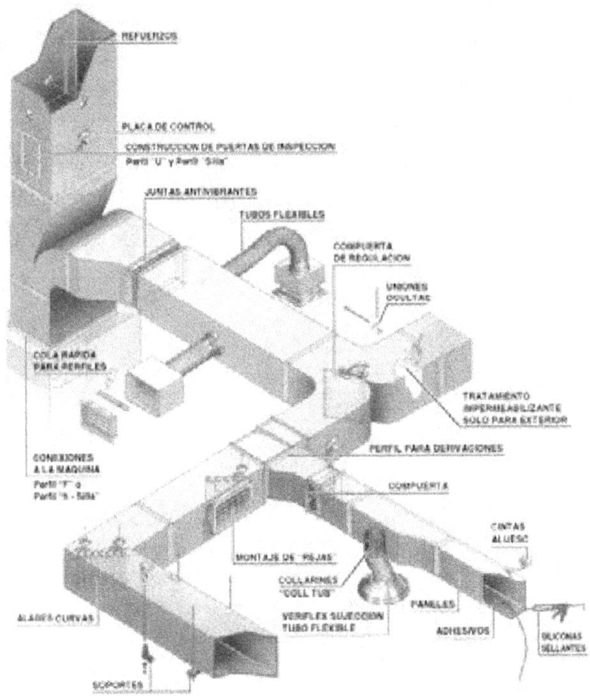

Foto de escoda de las partes de una red de conductos

Material en bruto

El formato más habitual de suministro de placas de fibra mineral es de 3 m de largo, por 1,20 m de ancho. Su espesor es de 20 a 25 mm.

La fibra está aglomerada con una resina que le confiere rigidez, y una lámina de refuerzo que puede ser de papel o de aluminio (papel plata).

Si tiene aluminio por las dos caras se denomina “doble aluminio”.

Las cajas contienen 8 planchas, total 28,8 m^2.

Herramientas

Para realizar los cortes en las planchas, utilizaremos las herramientas apropiadas; existen juegos de cuchillas que realizan cortes estándar en los paneles y juegos que los fabricantes recomiendan para el uso con sus paneles.

En ocasiones nos encontramos que cada cuchilla está marcada con un color para simplificar el proceso de elección de la misma durante la construcción.

Las herramientas de corte suelen ser tres:

- **Roja**; realiza cortes en V, para plegar la plancha y realizar un canto (glascoair).
- **Azul**: realiza el rebaje del extremo lateral del conducto, dejando una pestaña para que encaje y se grape al primer tramo.
- **Negra**: realiza el encaje de media madera, para empalmar un conducto con el siguiente.

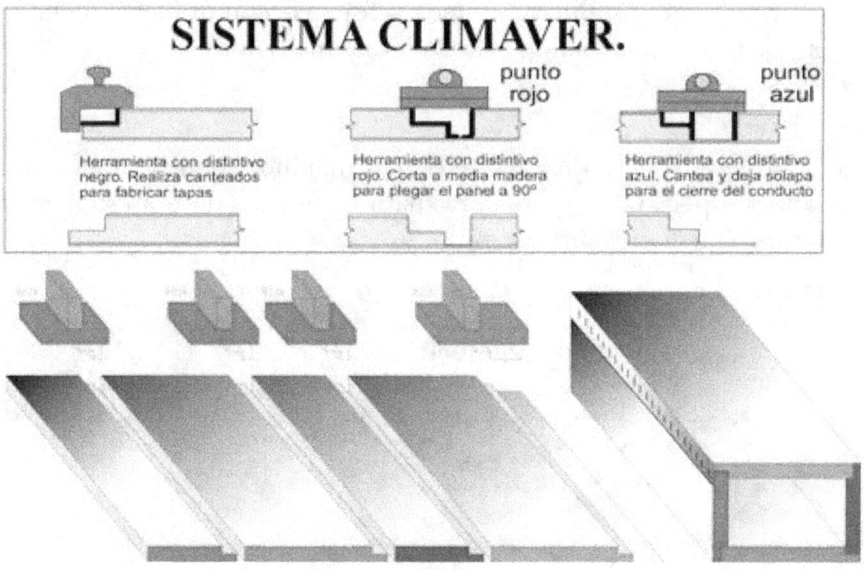

Tramo recto con cortes media madera

Tipos de cantos

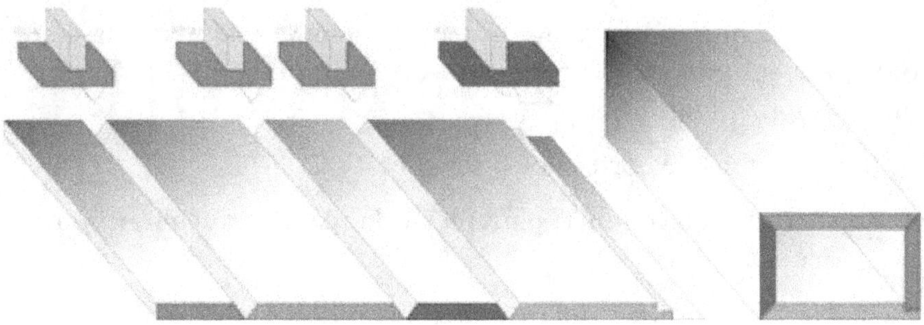

Tramo recto con cortes en V

Los cantos se realizan según la herramienta usada, y son:

- Canto en V: es el realizado tradicionalmente.
- Canto en media madera: usado recientemente, mejora la estanqueidad y la rigidez del conducto, y puede reforzarse con un perfil metálico en forma de z, quedando los conductos muy fuertes.

Grapado

Los conductos se unen mediante grapas metálicas realizadas con una grapadora especial. Las grapadoras para conductos de fibra suelen ser manuales o mediante aire comprimido.

Las grapas se abren hacia los lados dentro de la fibra.

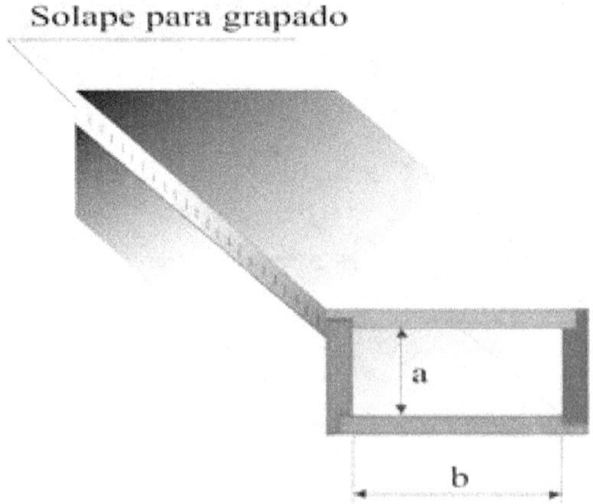

Canto grapado

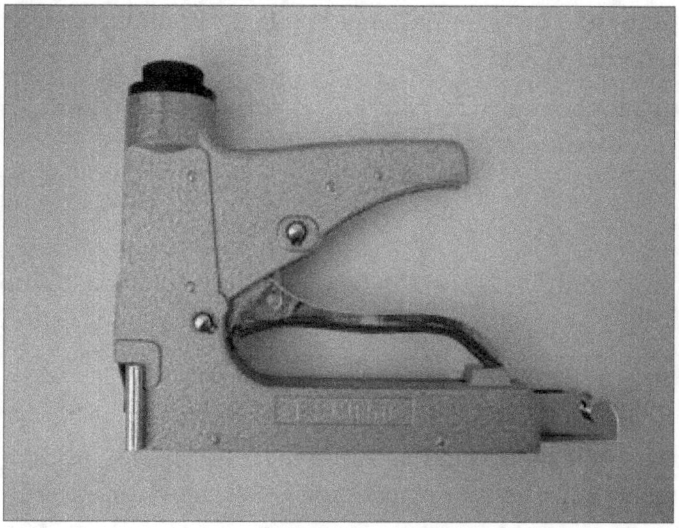

Grapadora

15.1. Tramo recto

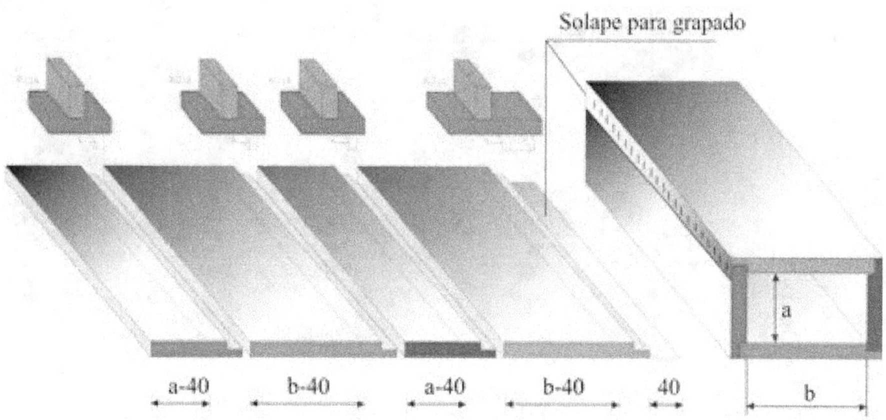

Foto medidas conducto recto

Para trazar un tramo recto marcaremos en una plancha de fibra los puntos donde colocar la regla que guiará la herramienta de corte.

Haremos marcas respetando las distancias:

A-40

B-40

A-40

B-40

Los tres primeros cortes los haremos con la herramienta roja, y el último con la herramienta azul.

Plegaremos los tramos y cerraremos el conducto grapando la pestaña sobre le primer tramo.

15.2. Reducción a una cara

Se utiliza para reducir la sección tras una boca de salida. También para ir reduciendo un conducto a medida que se van colocando bocas de salida.

Reducir una cara es más fácil que reducir dos.

La figura a cortar debe tener la forma de la figura, y se obtiene a partir del desarrollo de la figura formada por una C, con una tapa lateral.

Hay que tener en cuenta que la tapa se introduce en la C unos 13 mm, por lo que hay que aumentar todos los lados de la C en esa medida:

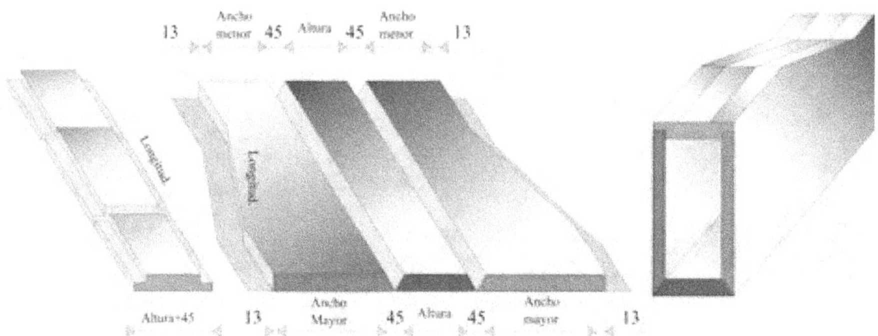

Reducción a una cara

15.3. Curvas

a) Redonda

Se realiza cortando la parte inferior y superior con el cuchillo, sobre el trazo de la curva necesaria, sin cortar la lámina inferior de aluminio.

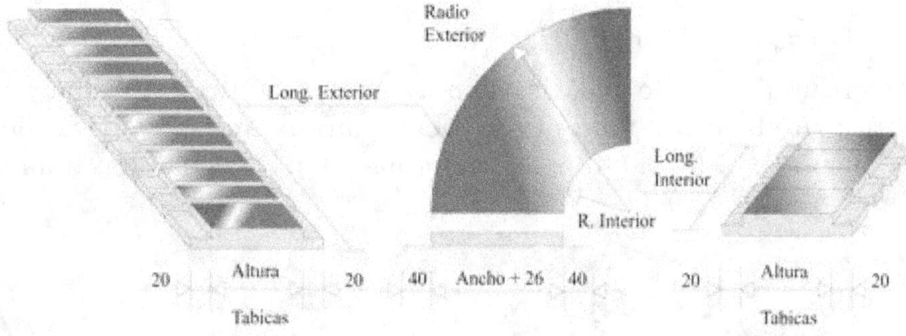

Se mide 40 mm. por el exterior de la curva trazada, y se corta todo el panel con el cuchillo. Se retira la fibra para que quede una pestaña de 40 mm. por el exterior de la pieza.

Las paredes exterior e interior de la curva se realizan contando un rectángulo de la altura del conducto más 40 mm. y de la longitud del desarrollo de la curva. El corte es total del panel.

Posteriormente se cortan las dos paredes, exterior e interior, a las que realizaremos unos cortes para poder doblarlas y ajustarlas al trazado curvo de la tapas. El corte de las paredes será recto, y posteriormente por los dos bordes se realiza un canteado con la herramienta negra.

Para que las paredes de la pieza puedan tomar la forma curva, deberán realizarse cortes verticales.

Finalmente, se grapan las paredes a las caras, y se encintan.

b) Curva a partir de un tramo recto

Para realizar un codo a partir de un tramo recto debemos realizar dos cortes alrededor de todo el conducto, con un ángulo respecto del conducto de 67,5° (90 – 45/2), de forma que nos quedan tres tramos rectos.

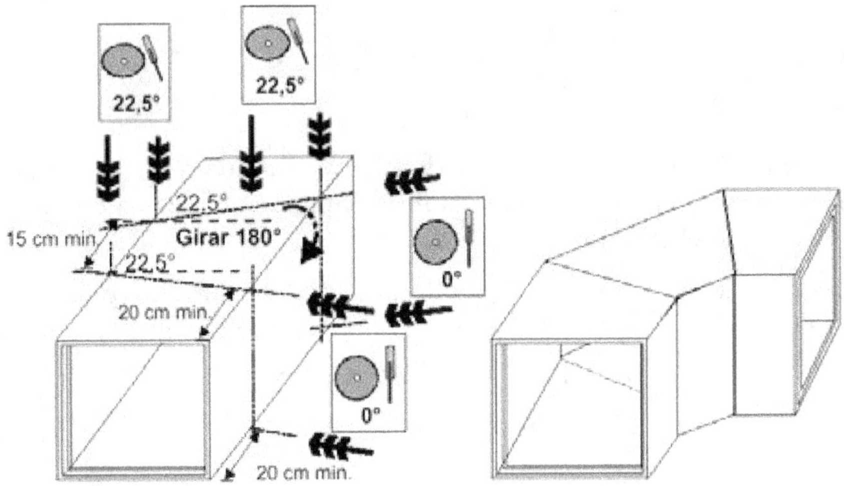

El tramo intermedio lo giramos 180° en el sentido transversal al conducto.

Finalmente pegamos con cola especial de fibra las uniones, y encintamos apretando fuertemente las caras. Antes de utilizar el conducto deberemos esperar unas horas hasta que endurezca la cola.

15.4. Derivación horizontal y vertical

a) Horizontal

Se realiza para sacar un ramal de un conducto principal, el cual se reduce en anchura tras dicha derivación.

Normalmente, el ancho del conducto tras la derivación queda con un acho menor o igual al ancho de la derivación.

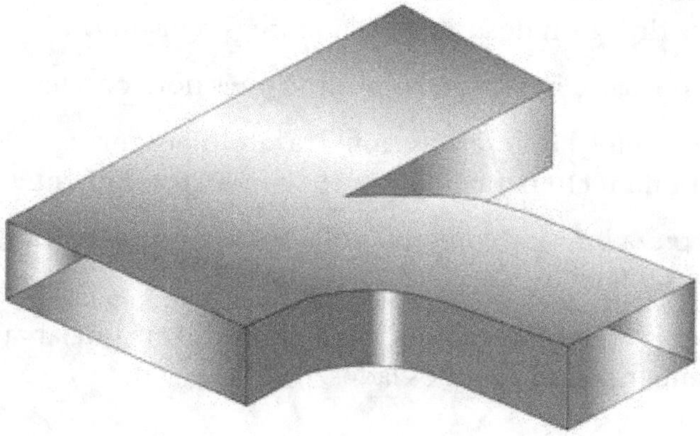

Derivación sencilla

Se traza igual que la curva cortando la placa inferior y superior, y después se cortan las tapas laterales realizando cortes en la fibra, y grapándolas a las caras superior e inferior.

b) Vertical

Se realiza para sacar una bifurcación en vertical de un conducto principal, el cual se reduce de altura tras dicha derivación.

Se usa para realizar ramales que van a plantas superiores.

Su trazado es similar al de la derivación horizontal con un giro de 90°.

15.5. Pantalón

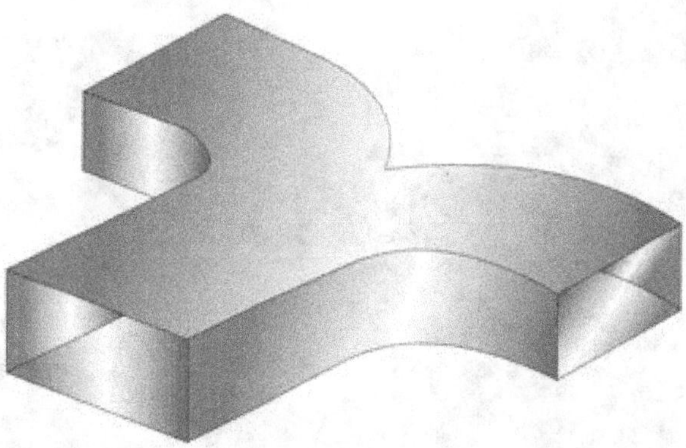

Doble derivación. Pantalón

Se denomina pantalón a una derivación doble, es decir cuando un conducto se divide en dos ramales simétricos o distintos.

Se traza y construye igual que las derivaciones horizontales.

Primero cortamos la pieza inferior. Trazando las curvas y dejando un pequeño tramo recto para embocar los conductos siguientes.

Usamos la pieza inferior como plantilla para cortar la pieza superior, ya que han de ser iguales.

Los tabiques laterales los realizaremos a partir de una tira larga con cortes de la herramienta azul a ambos lados.

15.6. Embocaduras

Se denominan así a los acoplamientos del conducto a la máquina o ventilador, de forma que quede estanco, pero que permita la vibración de la máquina sin dañarse el conducto.

Los ventiladores y equipos tienen una salida de aire rectangular con cuatro pestañas, que utilizaremos para encajar dentro del conducto, de forma que quede los más ajustado posible.

Posteriormente encintaremos el conducto a la máquina para que quede estanco.

En el caso de grandes equipos, es necesario intercalar un acoplamiento flexible, que es un trozo de conducto realizado con un material elástico (caucho, PVC) que se une al equipo y al conducto, y permite oscilar la

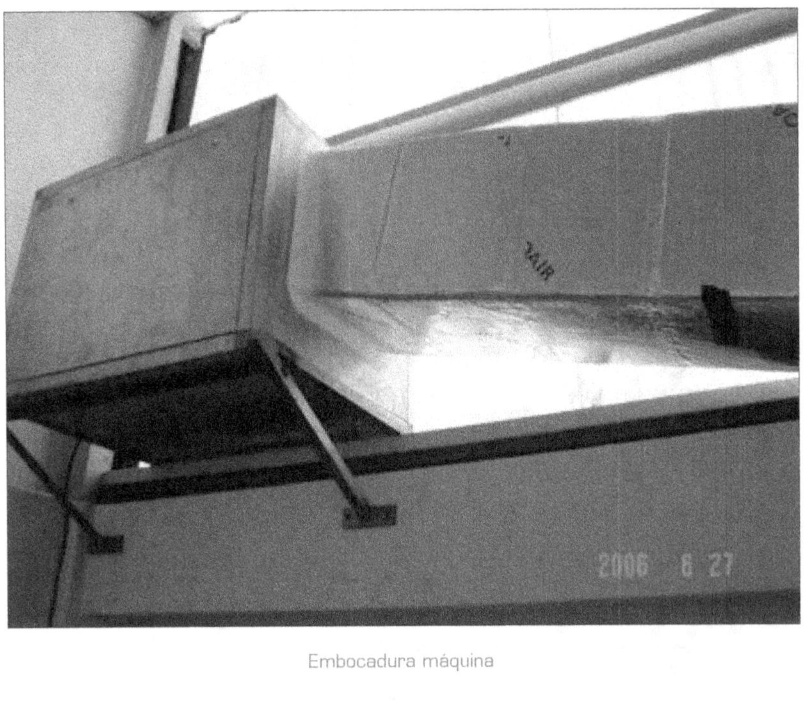

Embocadura máquina

máquina sin perjudicar a los conductos. En el caso de conductos de chapa es imprescindible, ya que evita que el ruido del equipo se transmita por los conductos a los locales.

También son embocaduras las conexiones a rejillas de entrada o salida de aire. Es la unión entre la perforación realizada en el conducto y el marco de la rejilla, que puede estar obrado a las paredes. Se realiza por el interior del marco, con pequeños trozos de fibra, encintando bien todos los bordes.

15.7. Métodos con tramos rectos

Es un sistema de construcción de conductos que evita el realizar piezas curvas, sustituyéndolas por segmentos rectos o "gajos".

Con este método no se realizan curvas, sino que se realizan con trozos de conductos rectos cortado en ángulo y empalmados.

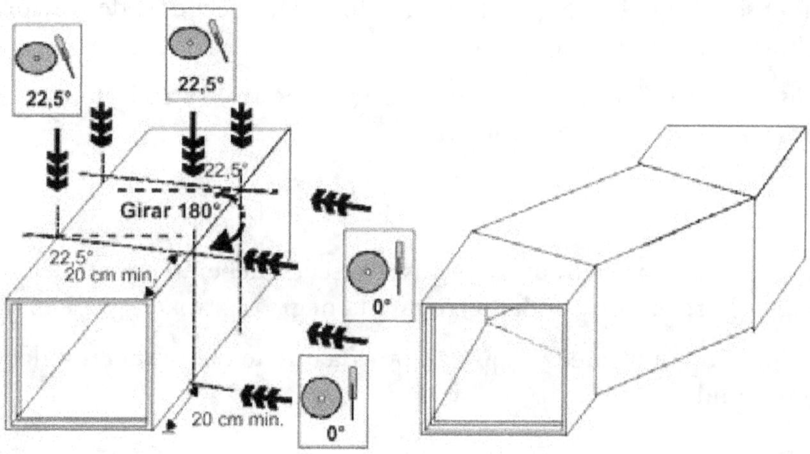

Construcción de codo con tramo recto

Tiene la ventaja de que las piezas especiales son más rápidas de construir, y que el rozamiento interior, aunque parezca que será mayor que en las piezas curvas, resulta ser menor, ya que en las piezas curvas las paredes interiores quedan rugosas y con cortes, y las realizadas a partir de tramos rectos quedan lisas y perfectas.

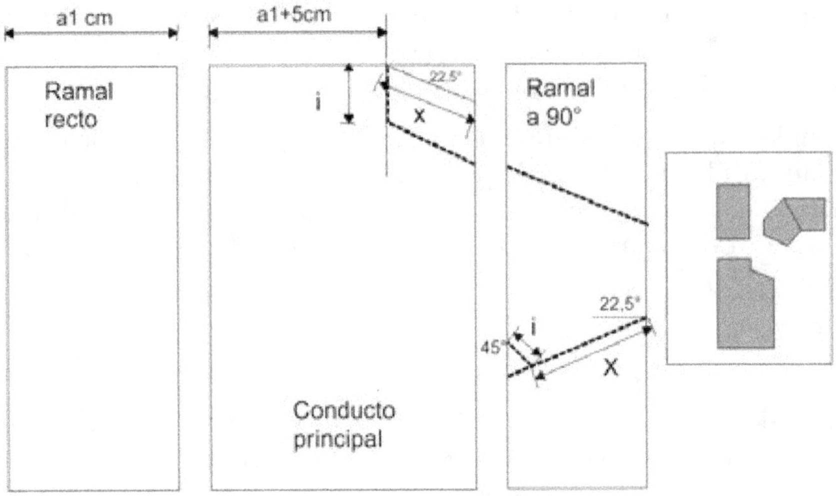

Formas de conductos

Con el sistema del tramo recto se pueden realizar codos, desviaciones, derivaciones y dobles derivaciones.

Si los conductos no son muy grandes (de menos de 1000 mm) es un sistema preferible al tradicional.

15.8. Ensamblaje de tramos de conductos

Una vez realizados los tramos y piezas especiales, deberán unirse mediante un solape (realizado con la herramienta negra), grapado, y encintado.

Hay que procurar que la esquina grapada quede continua en todos los tramos unidos.

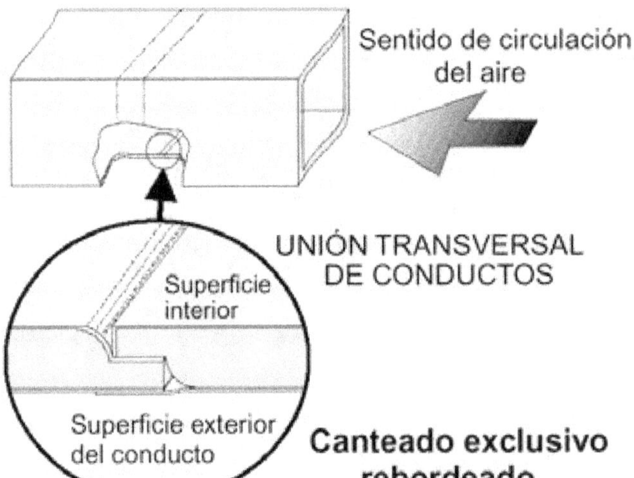

Sentido de circulación del aire

No es admisible uniones en las que los conductos tengan dimensiones diferentes, ni deformaciones o falta de paralelismo.

En general los conductos se realizan en tramos de 1,20 m, que es la anchura de las placas. Para realizar un conducto de 3,60 m deberemos unir tres tramos.

Si los conductos son pequeños y largos, pueden cortarse de 3 m de largo, cortando las planchas a lo largo, siempre que el desarrollo de la pieza sea menor de 1,20 m. que es el ancho de una placa.

Los tramos de conductos pueden unirse en piezas de unos 3 ó 4 m, que es el máximo que puede trasladarse por las obras. Además, hay que elevarlos a su altura de montaje, y los tramos mayores pueden partirse al moverlos.

Hay que colgar los conductos a una cierta distancia del techo, que nos permita grapar la parte superior de la unión y encintarla. Posteriormente, elevaremos todo el conducto ensamblado a su altura definitiva, con cuidado de no deformarlo.

16. CONTROLES Y MEDIDAS EN INSTALACIONES DE VENTILACIÓN

Una vez acabada la instalación de una red de conductos de aire, deberemos verificar que su funcionamiento es el proyectado, midiendo sobre todo los valores de velocidad de aire, y nivel de ruido producido.

16.1. Velocidad en conductos

La velocidad de circulación del aire por el interior del conducto la podemos medir mediante un anemómetro con la punta fina, llamado de hilo caliente.

Estos anemómetros tienen una punta con una resistencia eléctrica, y un termopar. La resistencia se calienta, pero al pasar el aire del conducto a su través, se enfría, en proporción directa a la velocidad del aire. Con este instrumento pincharemos el conducto, y tras medir, taparemos el pequeño agujero con un trozo de cinta.

La velocidad excesiva del aire provoca sobre todo ruido y movimientos en el conducto.

16.2. Velocidad en salidas de aire

La velocidad de salida de aire en rejillas y difusores es un tema crucial para el buen funcionamiento de la instalación y el confort de los ocupantes.

Una velocidad de salida de aire excesiva produce:

- Ruido continuo y muy molesto.
- Corrientes de aire molestas.
- Desequilibrios en la red de conductos. Si todo el aire sale por una rejilla, las otras tendrán poco caudal.

Repetimos que es muy recomendable instalar siempre rejillas de salida de aire con regulador de caudal, de forma que podamos ajustar el caudal de salida de cada una, y crear la pérdida de carga que precisa para que todas las salida queden iguales.

El mejor sistema es medir la velocidad de salida del aire en la rejilla, y ajustarlas de forma que todas queden igual.

Para medir la velocidad de aire en la salida, pegaremos el anemómetro a la rejilla.

En el caso de difusores, deberemos utilizar un cono o embudo, que podemos fabricarnos con chapa, para conducir el aire a una salida recta.

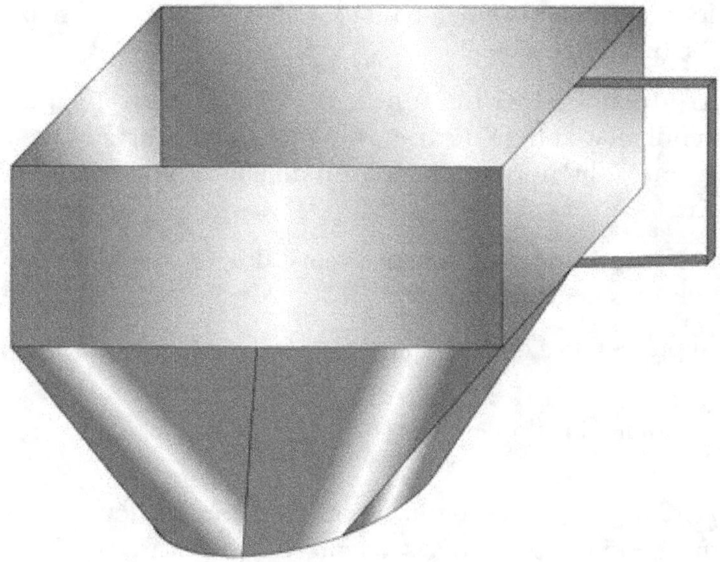

Cono de medición de difusores

16.3. Presiones estática, dinámica, total

Las presiones excesivas en el interior de un conducto de aire pueden deformarlo, y hasta reventarlo.

Para medir la presión utilizaremos un manómetro diferencial, que mide la diferencia de presión entre dos puntos, que serán el interior del conducto y el ambiente.

El manómetro tiene dos tubos, de forma que pincharemos el conducto e introduciremos uno de ellos, hasta que quede a ras de las paredes

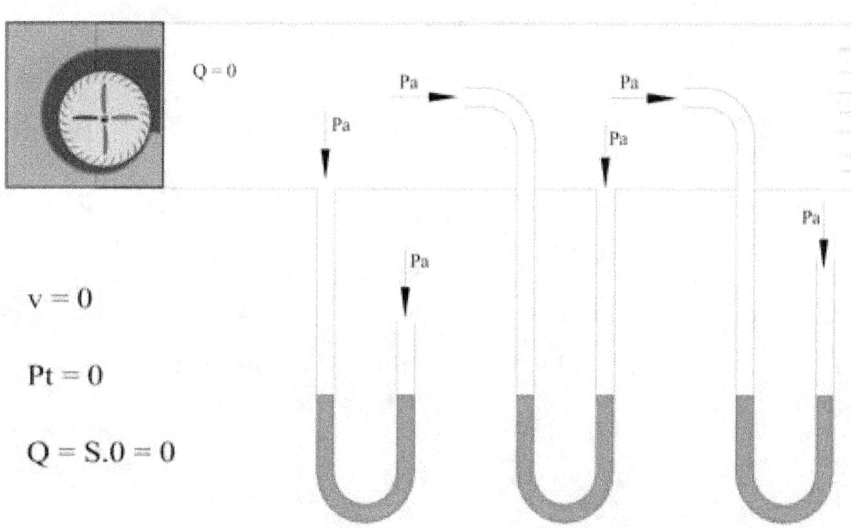

Presiones en un conducto sin circulación de aire

interiores. La medida en Pa o mm.c.a nos indicará la sobre-presión del interior (**presión estática**).

Si introducimos los dos tubos, de forma que uno quede recto (perpendicular al flujo de aire), y el otro quede curvado u encarado a la corriente, obtendremos la presión **dinámica** o debida a la velocidad del aire.

Si sólo introducimos un tubo, pero curvado y enfrentado a la corriente, obtendremos la **presión total**.

Se cumple siempre que:

Presión total = Presión estática + presión dinámica

Si no circula aire por el conducto, puede haber presión, pero la presión dinámica será nula, y la total será igual a la estática.

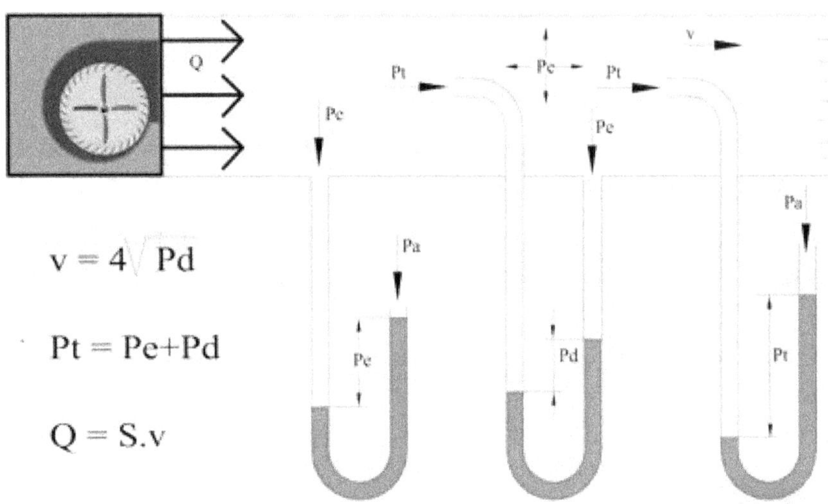

Presiones en un conducto con circulación de aire

En las mediciones de presión hay que tener cuidado con saber si el conducto trabaja a compresión (el ventilador empuja el aire hacia el conducto), o a depresión (el ventilador aspira aire del conducto), pues las medidas serán diferentes.

En caso de estar el conducto a depresión, los valores medidos serán negativos.

16.4. Nivel sonoro

El nivel sonoro producido por un conducto de aire es un factor que depende principalmente de la velocidad de circulación.

Es además un factor determinante para su cálculo. Es decir, dimensionaremos un conducto para que se produzca un nivel de ruido máximo:

En vivienda menor de 35 dBA.

En locales comerciales menor de 45 dBA.

En grandes locales 50 dBA.

Si un conducto de aire produce ruido puede ser por:

- Exceso de velocidad del aire: debemos reducir la velocidad del ventilador, abrir más salidas de aire, o ensanchar el conducto.
- Estrangulamiento u obstáculos interiores: verificar ausencia de trozos despegados, desgarrones, etc.
- Demasiadas salidas cerradas.
- Vibraciones por falta de sujeción.
- Transmisión de ruido del ventilador: instalar acoplamientos flexibles o silenciadores.

17. LA SEGURIDAD EN EL MONTAJE Y MANTENIMIENTO DE CONDUCTOS DE AIRE

Los riesgos principales que aparecen el montaje de conductos de aire son:

- **Caídas a distinto nivel** por trabajos en altura sobre escaleras, andamios, etc. Utilizar barandillas y arneses de seguridad. Las escaleras deben ser suficientemente altas y con plataforma superior y barra de apoyo. Utilizar andamios con barandillas.
- **Cortes por bordes de chapa o cuchillos**. Utilizar siempre guantes y ropa apropiada.
- **Proyecciones de limaduras** en cortes mediante amoladora. Utilizar siempre gafas protectoras, guantes y monos adecuados.
- **Aspiración de fibras minerales**. Utilizar mascarillas en cortes con máquina, o máquinas dotadas de aspiración localizada de virutas. Utilizar mascarillas en la limpieza mediante soplado.
- **Inhalación de vapores de disolventes y colas**. Realizar en ambientes bien ventilados.
- **Sobreesfuerzos y malas posturas**. Evitar trabajar desde baja altura, para evita daños en el cuello. Durante la carga y descarga, realizarla entre varios operarios.

Los medios de protección son:

- Personales: guantes, ropa resistente, botas de seguridad, petos, gafas, casco, máscaras y mascarillas.
- Arneses, cinturones de seguridad, andamios con barandillas. escaleras con apoyo superior.
- Herramientas adecuadas, con resguardos y aspiración.
- Mesas de trabajo sólidas.

RESUMEN

Los parámetros de un conducto son la velocidad, la sección, el caudal, la rugosidad, la pérdida de carga y la presión. Los conductos pueden ser de **alta, media o baja** velocidad.

La pérdida de carga unitaria es la pérdida de presión que se produce en un metro lineal de conducto.

ANEXOS (tablas y ábacos)

- Gráfico para cálculo de conductos de aire.
- Tabla para pasar de secciones circulares a rectangulares.
- Longitudes equivalentes de piezas especiales.
- Velocidades recomendadas en conductos de aire.

Gráfico para cálculo de conductos de aire

Presiones en un conducto con circulación de aire

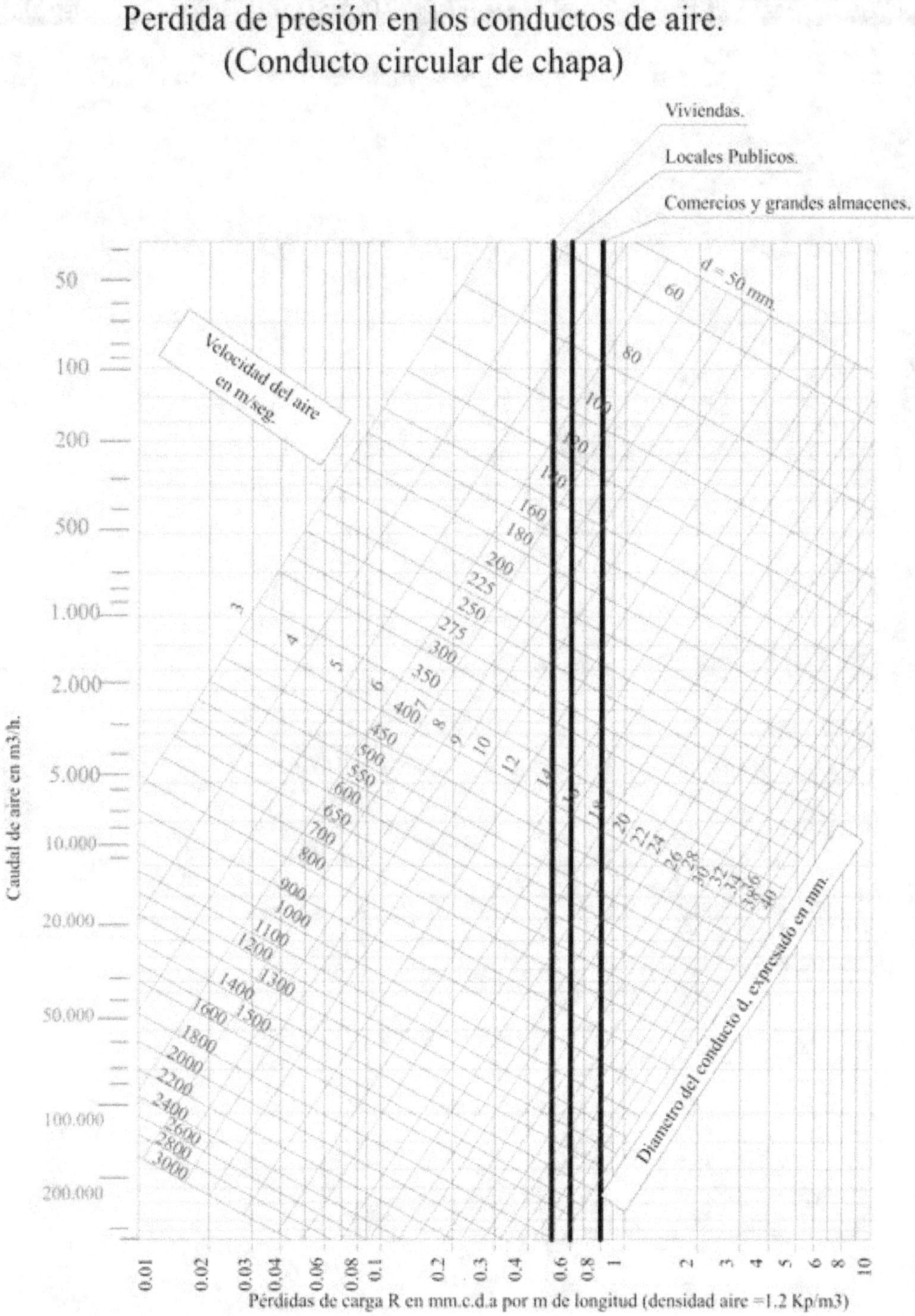

Entrar con el caudal horizontalmente, y al cruzar la línea vertical I, II o III, hallar el diámetro (líneas inclinadas a la derecha), y la velocidad (inclinadas a la izquierda).

Tabla para pasar de conductos circulares a rectangulares

DIMENSIONES DE CONDUCTOS, ÁREA DE LA SECCIÓN, DIÁMETRO EQUIVALENTE Y TIPO DE CONDUCTO

MEDIDAS DEL CONDUCTO (mm)	150		200		250		300		350		400		450		500		550	
	Sec. (m^2)	Diám.equiv. (mm)	Sec. (m^2)	Diám.equiv. (mm)	Sec. (m^2)	Diám.equiv. (mm)	Sec. (m^2)	Diám.equiv. (mm)	Sec. (m^2)	Diám.equiv. (mm)	Sec. (m^2)	Diám.equiv. (mm)	Sec. (m^2)	Diám.equiv. (mm)	Sec. (m^2)	Diám.equiv. (mm)	Sec. (m^2)	Diám.equiv. (mm)
250	0,036	213	0,048	249	0,06	270												
300	0,042	231	0,057	272	0,071	302	0,087	333										
350	0,048	249	0,063	292	0,084	328	0,103	361	0,119	389								
400	0,055	264	0,075	308	0,094	348	0,115	384	0,134	414	0,154	445						
450	0,061	280	0,084	328	0,106	368	0,129	407	0,151	439	0,173	470	0,196	501				
500	0,067	292	0,092	343	0,117	384	0,142	427	0,168	460	0,192	495	0,216	526	0,242	556		
550	0,072	305	0,1	358	0,128	404	0,156	447	0,184	485	0,21	518	0,238	551	0,264	582	0,292	612
600	0,078	315	0,107	371	0,139	422	0,169	465	0,198	503	0,229	541	0,257	574	0,288	607	0,316	635
650	0,082	326	0,116	384	0,149	435	0,182	483	0,214	524	0,246	563	0,278	597	0,31	630	0,341	664
700	0,088	335	0,123	398	0,158	450	0,193	498	0,229	541	0,265	582	0,301	620	0,333	655	0,363	680
750	0,093	345	0,13	409	0,168	465	0,205	514	0,244	559	0,284	602	0,32	640	0,36	677	0,387	711
800	0,098	355	0,137	419	0,179	478	0,218	529	0,26	576	0,301	620	0,341	661	0,381	698	0,418	734
850	0,105	366	0,146	432	0,189	490	0,23	544	0,274	592	0,318	637	0,36	677	0,404	719	0,443	756
900	0,109	371	0,153	442	0,198	504	0,242	556	0,289	607	0,336	656	0,378	696	0,424	738	0,467	775
950	0,113	381	0,16	452	0,208	516	0,255	572	0,303	622	0,352	671	0,399	714	0,446	757	0,494	798
1000	0,118	389	0,167	462	0,216	526	0,267	585	0,318	637	0,368	686	0,418	732	0,469	775	0,517	816
1050	0,123	396	0,172	473	0,225	536	0,276	595	0,33	650	0,384	701	0,436	747	0,492	794	0,54	834
1100	0,128	404	0,18	480	0,233	546	0,288	607	0,343	662	0,401	716	0,453	762	0,513	810	0,564	852
1150	0,132	412	0,186	488	0,242	556	0,298	618	0,359	676	0,416	729	0,472	778	0,534	825	0,586	868
1200	0,137	419	0,193	496	0,25	567	0,31	629	0,373	691	0,43	742	0,491	793	0,553	841	0,611	887
1250			0,196	506	0,26	577	0,32	641	0,384	703	0,448	755	0,51	808	0,573	856	0,633	903
1300			0,205	514	0,27	587	0,33	651	0,398	714	0,463	770	0,53	824	0,594	871	0,656	915
1350			0,212	521	0,276	597	0,341	664	0,41	724	0,478	782	0,546	835	0,614	886	0,679	935
1400			0,218	531	0,286	606	0,354	674	0,422	734	0,492	793	0,563	848	0,636	902	0,702	951
1450			0,225	536	0,295	615	0,365	684	0,434	744	0,507	805	0,58	862	0,654	915	0,724	965
1500			0,237	544	0,303	622	0,376	694	0,448	756	0,523	818	0,602	876	0,673	927	0,747	983
1600			0,244	559	0,32	640	0,392	709	0,472	776	0,548	841	0,63	902	0,714	955	0,79	1005
1700					0,335	656	0,415	729	0,497	796	0,58	862	0,665	923	0,757	981	0,821	1034
1800					0,355	674	0,436	746	0,521	815	0,61	885	0,697	946	0,786	1004	0,876	1063
1900					0,37	690	0,454	762	0,543	834	0,632	900	0,725	971	0,824	1029	0,923	1086
2000					0,384	703	0,478	782	0,57	854	0,67	925	0,762	991	0,851	1052	0,963	1113
2100							0,502	800	0,594	870	0,698	948	0,792	1008	0,9	1073	0,998	1132
2200							0,523	817	0,615	885	0,73	966	0,822	1030	0,934	1095	1,035	1152
2300							0,535	828	0,64	903	0,753	982	0,858	1052	0,96	1111	1,081	1177
2400							0,546	839	0,66	920	0,77	995	0,898	1070	0,999	1130	1,118	1200
2500									0,685	937	0,801	1028	0,917	1088	1,045	1156	1,16	1210
2600									0,704	951	0,824	1030	0,94	1105	1,072	1172	1,202	1240
2700									0,731	968	0,852	1045	0,962	1120	1,11	1198	1,238	1261
2800									0,75	983	0,88	1063	1,005	1136	1,139	1205	1,276	1278
2900											0,903	1078	1,04	1152	1,165	1222	1,32	1301
3000											0,925	1088	1,065	1168	1,21	1248	1,363	1308
3100											0,94	1105	1,1	1185	1,235	1260	1,397	1331
3200											0,953	1120	1,12	1197	1,277	1279	1,437	1353
3300													1,156	1216	1,302	1292	1,46	1366
3400													1,186	1223	1,334	1310	1,498	1385
3500													1,22	1241	1,363	1321	1,525	1397
3600													1,23	1252	1,497	1344	1,551	1414

MEDIDAS DEL CONDUCTO (mm)	600		650		700		750		800		850		900		950		1000	
	Sec. (m^2)	Diám.equiv. (mm)	Sec. (m^2)	Diám.equiv. (mm)	Sec. (m^2)	Diám.equiv. (mm)	Sec. (m^2)	Diám.equiv. (mm)	Sec. (m^2)	Diám.equiv. (mm)	Sec. (m^2)	Diám.equiv. (mm)	Sec. (m^2)	Diám.equiv. (mm)	Sec. (m^2)	Diám.equiv. (mm)	Sec. (m^2)	Diám.equiv. (mm)
250																		
300																		
350																		
400																		
450																		
500																		
550																		
600	0,346	656																
650	0,373	682	0,402	722														
700	0,401	716	0,433	749	0,477	777												
750	0,431	745	0,468	775	0,509	801	0,543	834										
800	0,457	765	0,497	796	0,536	829	0,578	859	0,618	889								
850	0,485	788	0,527	823	0,567	854	0,61	884	0,654	914	0,697	944						
900	0,517	813	0,549	838	0,601	876	0,646	908	0,692	940	0,736	971	0,783	1002				
950	0,542	834	0,581	860	0,636	901	0,679	934	0,728	963	0,775	998	0,822	1030	0,873	1057		
1000	0,569	853	0,627	893	0,668	925	0,714	955	0,762	985	0,816	1020	0,864	1052	0,914	1080	0,977	1114
1050	0,592	874	0,65	914	0,697	948	0,752	980	0,803	1015	0,851	1044	0,902	1078	0,965	1108	1,018	1136
1100	0,624	894	0,679	934	0,731	969	0,756	1004	0,84	1039	0,9	1068	0,952	1100	1,0	1133	1,051	1163
1150	0,652	914	0,706	951	0,764	991	0,818	1025	0,871	1057	0,934	1093	0,99	1122	1,045	1152	1,1	1186
1200	0,675	930	0,736	971	0,794	1008	0,856	1046	0,915	1082	0,972	1116	1,027	1140	1,092	1180	1,148	1212
1250	0,702	949	0,764	990	0,823	1029	0,89	1068	0,953	1105	1,015	1139	1,072	1171	1,138	1204	1,2	1240
1300	0,728	962	0,792	1006	0,856	1046	0,924	1088	0,99	1126	1,054	1161	1,119	1190	1,17	1226	1,248	1261
1350	0,755	984	0,81	1025	0,891	1065	0,961	1108	1,018	1143	1,092	1180	1,165	1216	1,22	1248	1,295	1286
1400	0,781	998	0,849	1042	0,92	1084	0,997	1126	1,055	1163	1,129	1201	1,2	1241	1,268	1272	1,34	1308
1450	0,798	1011	0,877	1059	0,957	1102	1,018	1143	1,092	1184	1,165	1223	1,248	1260	1,313	1296	1,391	1331
1500	0,827	1027	0,907	1074	0,97	1118	1,055	1165	1,129	1202	1,2	1242	1,275	1280	1,35	1318	1,431	1355
1600	0,872	1057	0,952	1105	1,035	1154	1,118	1190	1,192	1236	1,275	1280	1,358	1321	1,432	1358	1,521	1396
1700	0,924	1088	1,002	1135	1,094	1185	1,183	1228	1,261	1273	1,35	1316	1,441	1360	1,525	1394	1,616	1436
1800	0,961	1115	1,063	1165	1,147	1215	1,248	1262	1,331	1308	1,423	1351	1,515	1395	1,608	1433	1,692	1475
1900	0,998	1141	1,108	1194	1,21	1245	1,302	1292	1,392	1340	1,498	1380	1,59	1430	1,682	1478	1,785	1511
2000	1,063	1168	1,155	1219	1,263	1272	1,359	1321	1,46	1368	1,572	1418	1,674	1462	1,773	1505	1,863	1550
2100	1,106	1192	1,2	1248	1,317	1299	1,423	1350	1,525	1397	1,636	1448	1,748	1498	1,858	1542	1,96	1584
2200	1,15	1217	1,266	1272	1,38	1325	1,482	1385	1,598	1429	1,71	1478	1,827	1528	1,932	1575	2,042	1624
2300	1,192	1237	1,312	1299	1,431	1353	1,541	1405	1,655	1451	1,772	1507	1,895	1557	2,015	1608	2,126	1650
2400	1,228	1258	1,368	1325	1,469	1371	1,6	1426	1,72	1486	1,821	1530	1,95	1580	2,095	1638	2,22	1682
2500	1,285	1285	1,395	1344	1,545	1402	1,655	1455	1,775	1506	1,905	1562	2,048	1600	2,155	1664	2,29	1715
2600	1,35	1316	1,46	1368	1,58	1422	1,72	1480	1,84	1538	1,98	1592	2,105	1639	2,228	1690	2,365	1740
2700	1,368	1325	1,495	1380	1,627	1443	1,775	1508	1,906	1559	2,035	1622	2,17	1660	2,31	1715	2,45	1770
2800	1,386	1348	1,552	1410	1,662	1473	1,852	1526	1,96	1582	2,08	1632	2,245	1702	2,415	1746	2,505	1798
2900	1,42	1376	1,6	1437	1,742	1495	1,918	1557	2,015	1615	2,17	1670	2,29	1725	2,468	1762	2,585	1825
3000	1,467	1387	1,645	1451	1,789	1515	1,99	1575	2,065	1629	2,236	1686	2,41	1768	2,515	1784	2,683	1855
3100	1,515	1402	1,7	1475	1,81	1532	1,995	1600	2,145	1660	2,33	1720	2,45	1775	[illegible]	1824	2,735	1881
3200	1,58	1425	1,728	1492	1,878	1552	2,06	1628	2,19	1676	2,37	1744	2,52	1800	2,653	1848	2,78	1904
3300	1,608	1436	1,785	1512	1,922	1570	2,1	1635	2,255	1703	2,43	1763	2,61	1830	2,763	1880	2,855	1948
3400	1,652	1455	1,822	1528	1,975	1593	2,175	1650	2,27	1723	2,485	1785	2,65	1845	2,813	1908	3,015	1964
3500	1,71	1475	1,877	1550	2,16	1627	2,22	1690	2,325	1752	2,545	1805	2,715	1872	2,915	1932	3,025	1998
3600	1,738	1496	1,905	1562	2,065	1639	2,29	1715	2,43	1765	2,61	1829	2,76	1885	2,965	1940	3,14	2032

MEDIDAS DEL CONDUCTO (mm)	1050 Sec. (m^2)	1050 Diam.equiv. (mm)	1100 Sec. (m^2)	1100 Diam.equiv. (mm)	1150 Sec. (m^2)	1150 Diam.equiv. (mm)	1200 Sec. (m^2)	1200 Diam.equiv. (mm)	1250 Sec. (m^2)	1250 Diam.equiv. (mm)	1300 Sec. (m^2)	1300 Diam.equiv. (mm)	1350 Sec. (m^2)	1350 Diam.equiv. (mm)	1400 Sec. (m^2)	1400 Diam.equiv. (mm)	1450 Sec. (m^2)	1450 Diam.equiv. (mm)
1050	1,005	1165																
1100	1,104	1190	1,105	1222														
1150	1,155	1235	1,21	1248	1,276	1270												
1200	1,2	1240	1,265	1275	1,32	1302	1,395	1336										
1250	1,248	1265	1,322	1300	1,316	1327	1,452	1363	1,505	1380								
1300	1,302	1290	1,938	1325	1,412	1352	1,497	1388	1,57	1418	1,590	1444						
1350	1,349	1216	1,42	1350	1,486	1378	1,55	1413	1,625	1441	1,69	1469	1,773	1508				
1400	1,396	1339	1,469	1375	1,542	1403	1,605	1436	1,68	1468	1,745	1495	1,81	1522	1,904	1555		
1450	1,45	1364	1,525	1398	1,598	1426	1,66	1460	1,735	1495	1,81	1523	1,886	1555	1,948	1582	2,03	1613
1500	1,495	1389	1,57	1418	1,646	1451	1,710	1485	1,8	1538	1,875	1550	1,948	1578	2,014	1608	2,075	1634
1600	1,597	1432	1,67	1467	1,755	1489	1,878	1531	1,912	1565	1,995	1595	2,07	1580	2,145	1658	2,028	1689
1700	1,69	1473	1,782	1511	1,856	1545	1,95	1528	2,025	1608	2,115	1646	2,195	1679	2,28	1709	2,255	1735
1800	1,762	1516	1,875	1552	1,975	1581	2,05	1621	2,135	1656	2,235	1692	2,315	1723	2,41	1756	2,505	1782
1900	1,866	1556	1,975	1592	2,07	1629	2,16	1668	2,265	1702	2,355	1738	2,44	1780	2,54	1802	2,67	1850
2000	1,915	1592	2,02	1630	2,17	1668	2,27	1708	2,174	1746	2,475	1782	2,595	1825	2,66	1848	2,78	1886
2100	2,07	1620	2,17	1670	2,28	1708	2,385	1748	2,485	1785	2,595	1825	2,68	1906	2,78	1882	2,88	1932
2200	2,15	1660	2,26	1707	2,375	1746	2,485	1785	2,595	1826	2,715	1863	2,826	1944	2,93	1938	3,02	1970
2300	2,245	1698	2,365	1740	2,475	1782	2,595	1825	2,705	1862	2,815	1900	2,25	1580	3,055	1928	3,155	2010
2400	2,33	1727	2,47	1778	2,56	1805	2,715	1865	2,79	1892	2,935	1940	3,065	1988	3,13	2002	3,275	2050
2500	2,405	1755	2,595	1790	2,635	1850	2,79	1893	2,915	1935	3,02	1969	3,12	2055	3,20	2060	3,38	2085
2600	2,505	1790	2,625	1832	2,715	1870	2,873	1936	3,02	1968	3,145	2006	3,305	2095	3,425	2085	3,555	2135
2700	2,59	1821	2,725	1870	2,83	1900	2,985	1955	3,075	1982	3,26	2045	3,38	2128	3,555	2132	3,675	2172
2800	2,678	1859	2,79	1902	2,95	1947	3,06	1982	3,275	2038	3,48	2085	3,51	2178	3,675	2170	3,775	2195
2900	2,775	1885	2,855	1945	3,02	1968	3,145	2008	3,375	2068	3,506	2120	3,68	2200	3,79	2200	3,92	2240
3000	2,935	1905	3,02	1968	3,105	1982	3,31	2055	3,425	2105	3,635	2155	3,735	2215	3,87	2225	4,025	2270
3100	2,91	1930	3,105	1993	3,135	2027	3,37	2075	3,555	2135	3,755	2198	3,835	2235	4	2205	4,12	2295
3200	2,97	1952	3,14	2006	3,345	2070	3,465	2110	3,62	2144	3,825	2210	3,965	2250	4,17	2255	4,33	2310
3300	3,065	1980	3,22	2030	3,495	2090	3,58	2140	3,755	2188	3,935	2246	4,075	2295	4,24	2332	4,43	2365
3400	3,14	2008	3,285	2050	3,51	2120	3,665	2165	3,85	2220	4,05	2275	4,14	2305	4,375	2370	4,50	2425
3500	3,26	2045	3,415	2090	3,58	2145	3,74	2190	3,915	2236	4,14	2305	4,29	2346	4,49	2396	4,64	2443
3600	3,305	2062	3,49	2135	3,685	2178	3,82	2210	4,07	2286	4,22	2425	4,47	2375	4,58	2426	4,76	2470

MEDIDAS DEL CONDUCTO (mm)	1500 Sec. (m^2)	1500 Diam.equiv. (mm)	1600 Sec. (m^2)	1600 Diam.equiv. (mm)	1700 Sec. (m^2)	1700 Diam.equiv. (mm)	1800 Sec. (m^2)	1800 Diam.equiv. (mm)	1900 Sec. (m^2)	1900 Diam.equiv. (mm)	2000 Sec. (m^2)	2000 Diam.equiv. (mm)	2100 Sec. (m^2)	2100 Diam.equiv. (mm)	2200 Sec. (m^2)	2200 Diam.equiv. (mm)	2300 Sec. (m^2)	2300 Diam.equiv. (mm)
1050																		
1100																		
1150																		
1200																		
1250																		
1300																		
1350																		
1400																		
1450																		
1500	2,11	1640																
1600	2,31	1720	2,42	1760														
1700	2,45	1770	2,52	1834	2,75	1900												
1800	2,53	1823	2,76	1883	2,98	1943	3,12	2005										
1900	2,73	1862	2,92	1934	3,09	1992	3,3	2057	3,48	2135								
2000	2,87	1913	3,02	1985	3,25	2043	3,46	2105	3,65	2165	3,85	2222						
2100	3,0	1963	3,22	2026	3,42	2094	3,62	2156	3,82	2215	4,04	2275	4,25	2332				
2200	3,14	2008	3,35	2023	3,57	2136	3,81	2201	4,02	2265	4,22	2325	4,43	2385	4,67	2445		
2300	3,29	2065	3,5	2115	3,73	2185	3,96	2250	4,50	2315	4,41	2380	4,63	2435	4,87	2495	4,1	2562
2400	3,42	2103	3,68	2170	3,90	2240	4,12	2300	4,38	2370	4,5	2433	4,78	2490	5,1	2554	5,14	2615
2500	3,55	2130	3,81	2230	4,08	2292	4,30	2330	4,64	2440	4,78	2485	4,97	2510	5,24	2605	5,56	2670
2600	3,72	2185	3,95	2250	4,27	2335	4,46	2385	4,36	2540	4,96	2525	5,29	2605	5,49	2655	5,76	2715
2700	3,85	2225	4,08	2285	4,33	2355	4,63	2435	4,80	2505	5,14	2555	5,41	2630	5,64	2685	5,90	2730
2800	3,91	2235	4,18	2315	4,57	2405	4,78	2470	5,02	2535	5,3	2605	5,44	2640	5,88	2758	6,21	2805
2900	4,07	2285	4,4	2335	4,73	2455	4,98	2520	5,23	2585	5,50	2665	5,85	2745	6,12	2808	6,4	2860
3000	4,2	2320	4,52	2405	4,78	2475	5,16	2570	5,44	2640	5,70	2715	6,05	2780	6,37	2855	6,60	2920
3100	4,36	2380	4,6	2427	4,97	2515	5,24	2580	5,56	2665	5,88	2740	6,17	2800	6,4	2882	6,77	2945
3200	4,4	2372	4,74	2464	5,12	2555	5,42	2635	5,71	2724	6,05	2780	6,3	2830	6,68	2930	7,05	3000
3300	4,58	2422	4,9	2490	5,2	2575	5,56	2665	5,59	2754	6,32	2838	6,64	2905	6,9	2960	7,26	3046
3400	4,64	2440	5,07	2536	5,44	2640	5,75	2710	5,98	2786	6,44	2852	6,74	2935	7,08	3010	7,53	3106
3500	4,84	2492	5,14	256	5,57	2675	5,80	2745	6,26	2830	6,50	2890	6,96	2990	7,32	3055	7,64	3130
3600	5,0	2530	5,34	2615	5,65	2692	5,97	2765	6,10	2858	6,77	2928	7,21	3035	7,5	3100	7,87	3125

Longitudes en metros a sumar por cada codo, según su tamaño:

METROS LINEALES EQUIVALENTES DE CONDUCTO RECTO

codos		conducto o cota h, en milímetros														
		75	100	150	200	250	300	350	400	450	500	600	700	800	900	1000
	r = d	1,2	1,7	2,5	3,4	4,3	5,1	6	6,8	7,6	8,5	10	12	14	15	17
	r = 1,5 d	0,9	1,2	1,8	2,4	3	3,6	4,2	4,8	5,4	6	7,2	8,4	9,6	11	12
	r = 2 d	0,7	1	1,5	2	2,5	3	3,5	4	4,5	5	6	7	8	9	10
l/h = 0,25	r = 0,5 h	1,9	2,5	3,7	5	6,3	7,5	8,8	10	11	13	15	18	20	23	25
	r = h	0,5	0,7	1	1,4	1,7	2,1	2,5	2,8	3,2	3,5	4,2	4,9	5,6	6,3	7
	r = 1,5 h	0,3	0,4	0,6	0,8	1	1,2	1,4	1,6	1,8	2	2,4	2,8	3,2	3,6	4
l/h = 0,5	r = 0,5 h	2	4	6	8	10	12	14	16	18	20	24	28	32	36	40
	r = h	0,6	0,9	1,4	1,8	2,2	2,7	3,2	3,6	4,1	4,5	5,4	6,3	7,2	8,1	9
	r = 1,5 h	0,3	0,4	0,6	0,8	1	1,2	1,4	1,6	1,8	2	2,4	2,8	3,2	3,6	4
l/h = 1	r = 0,5 h	3,7	5	7,5	10	13	15	18	20	23	25	30	35	40	45	50
	r = h	0,8	1	1,6	2,2	2,7	3,3	3,9	4,4	5	5,5	6,6	7,7	8,8	10	11
	r = 1,5 h	0,4	0,5	0,7	0,9	1	1,4	1,6	1,8	2	2,3	2,7	3,2	3,6	4	4,5
l/h = 4	r = 0,5 h	5	6,5	10	13	16	20	22	26	29	32	39	46	52	59	65
	r = h	1,3	1,7	2,6	3,4	4,3	5,1	6	6,8	7,7	8,5	10	12	14	15	17
	r = 1,5 h	0,5	0,6	0,9	1,2	1,5	1,8	2,1	2,4	2,7	3	3,8	4,2	4,8	5,5	6

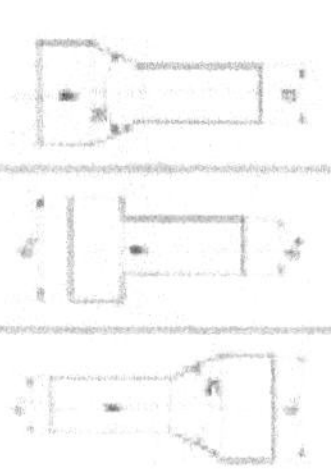

cambios de sección		conducto o cota h, en milímetros														
		75	100	150	200	250	300	350	400	450	500	600	700	800	900	1000
	α = 60°	0,2	0,3	0,5	0,7	0,9	1,2	1,4	1,6	1,9	2,1	2,6	3,2	3,7	4,3	4,8
	α = 45°	0,13	0,2	0,3	0,4	0,6	0,7	0,9	1	1,2	1,4	1,8	2,1	2,5	2,8	3,2
	α = 30°	0,06	0,09	0,2	0,2	0,3	0,4	0,5	0,5	0,6	0,7	0,9	1	1,2	1,4	1,6
	a/A = 1,1	0,3	0,4	0,8	1	1,5	1,9	2,3	2,7	3,1	3,6	4,3	5,4	6,1	7	8
	a/A = 1,4	1	1,5	2,5	3,6	4,6	5,9	7,1	8,2	9,7	11	14	17	19	22	25
	a/A = 2	1,4	2	3,5	5	6,3	8,2	9,9	12	13,5	15	19	23	27	31	34,3
α = [illegible]	a/A = 1,2	0,3	0,4	0,8	1	1,5	1,9	2,3	2,7	3,1	3,6	4,1	5,4	6,1	7	8
	a/A = 1,5	1	1,5	2,5	3,6	4,6	5,9	7,1	8,2	9,7	11	14	17	19	22	25
	a/A = 2	1,8	2,6	4,5	3,2	8,7	11	13	15	17,2	20	24	29	35	39	44
α = 30°	a/A = 1,2	0,3	0,4	0,7	1	1,4	1,7	2	2,4	2,8	3,2	4	4,8	5,6	6,7	7,2
	a/A = 1,5	0,8	1,1	1,9	2,8	3,7	4,6	5,5	6,5	7,6	8,6	11	13	15	17	19
	a/A = 2	1,4	2	3,5	5	6,3	8,2	9,9	12	13,5	15	19	23	27	31	34,3
α = [illegible]	a/A = 1,2	0,16	0,22	0,4	0,6	0,8	0,9	1,1	1,3	1,5	1,7	2,1	2,7	3,1	3,5	4
	a/A = 1,5	0,4	0,6	1	1,5	2	2,5	3	3,5	4	4,6	5,7	7	8,2	9,7	10,4
	a/A = 2	0,75	1,1	1,8	2,6	3,5	4,4	5,3	6,2	7,2	8,2	10	12	14	16	18,5

Valores máximos de velocidad de aire en conductos

Conductos principales	**Uso del local**	**Velocidad M/s**
	Viviendas y salones	4
	Oficinas, restaurantes	5,5 a 6,5
	Salas de espectáculos	6,5 a 9
	Grandes almacenes	9 a 10,5
Ramales pequeños		**Velocidad M/s**
	Viviendas y salones	3
	Oficinas, restaurantes	6,5
	Salas de espectáculos	5,5
	Grandes almacenes	7,5
Salidas de aire		**Velocidad M/s**
	Viviendas y salones	2,5 a 3,5
	Oficinas, restaurantes	2,5 a 3,5
	Salas de espectáculos	4,5 a 5,5
	Grandes almacenes	6 a 9
Tomas aire exterior	Todos	3,5

CUESTIONARIO DE AUTOEVALUACIÓN

1. Para ventilar un garaje de automóviles, describe qué material de conductos será mejor. Si la altura del local es baja, ¿qué sección será más adecuada?
2. ¿Qué conductos tienen más pérdida de carga, ¿los rígidos o los flexibles? Razónalo.
3. ¿Cuánto suele ser el tanto por ciento de desperdicios en la instalación de conductos de fibra? Describe por qué se produce este desperdicio.
4. ¿Por qué los conductos de chapa no se fabrican en la obra?
5. ¿Podemos utilizar conductos de chapa para un climatizador de aire frío? ¿Qué precaución hay que tomar?
6. Describe cómo se realiza una boca a un conducto de fibra que está instalado sobre el falso techo de escayola.
7. Di cómo afectan las humedades a los conductos de fibra y de chapa.
8. ¿Cómo repararías un conducto de chapa con picaduras por óxido?
9. Dimensiona la red de conductos de extracción de un garaje de 600 m^2, con 4 bocas en línea separadas entre si 8 m. y un tramo final de 3 m.

LABORATORIO

1. Realizar un codo con fibra de vidrio mediante el sistema curvo con un conducto de 200 x 150 mm.
2. Realizar un codo con fibra de vidrio mediante el sistema del tramo recto con las mismas medidas.
3. Realizar una ampliación a una cara en el conducto anterior a 200x300.
4. Realizar una derivación lateral de un conducto principal de 300x150 a 150x150, de 500 mm de largo.
5. Embocar un difusor en la parte inferior del conducto principal anterior, y una rejilla de 150x100 en el ramal.
6. Anclar un conducto de chapa circular de 500 mm en una pared o panel, mediante abrazadera y varillas roscadas.
7. Unir dos conductos de chapa mediante remachado.
8. Realizar una ventana a un conducto de chapa y remachar una rejilla.
9. A una climatizadora de conducto horizontal, realizarle el embocado de un conducto de impulsión y retorno.

BIBLIOGRAFÍA

Manual de construcción de conductos Climaver.

Manual de construcción de conductos Glascoair.

Manual para la construcción de conductos con panel sándwich de la empresa Salvador Escoda.

Manual de ventilación de la empresa SOLER&PALAU.

Prontuario de la empresa CIATESA S.A.

U.D. 4 LA TÉCNICA DE DIFUSIÓN DEL AIRE

ÍNDICE

INTRODUCCIÓN

La difusión es la técnica que gestiona la distribución del aire en los locales, con su dominio se consigue que el aire impulsado por los ventiladores y distribuido por los conductos llegue a los usuarios de los locales en condiciones de confort.

Una elección correcta de los elementos de difusión provocará una instalación confortable, velocidades de aire correctas, temperaturas homogéneas y ruidos admisibles. Por el contrario, una elección poco acertada puede llevar una buena instalación a ser considerada como inaceptable.

Por desgracia, en la actualidad nos encontramos con instalaciones realmente costosas que resultan ineficaces o ruidosas; es función del técnico y del proyectista la elección de un buen sistema de difusión.

OBJETIVOS

- Conocer las principales variables que afectan a una buena distribución del aire en los locales.
- Conocer los distintos tipos de materiales de difusión que existen en el mercado.
- Saber seleccionar los elementos de difusión necesarios para una instalación tipo.

1. ¿QUÉ ES LA DIFUSIÓN DEL AIRE?

Llegados al punto de avances tecnológicos y materiales conseguidos en la sociedad actual, ya no se concibe el diseño de un local público o comercial en el que no exista una instalación de aire acondicionado o calefacción.

Para conseguir que el aire tratado sea distribuido en los locales en condiciones óptimas, velocidades aceptables y con el mínimo ruido posible, usaremos la técnica llamada de "difusión del aire" que consiste en la gestión de los medios materiales (elementos de difusión) y técnicos con el fin de conseguir una instalación confortable.

2. PARÁMETROS QUE SE REGULAN CON LA DIFUSIÓN

SÍMBOLOS, DEFINICIONES Y UNIDADES DE MEDIDA

L	Longitud nominal de la unidad	mm
H	Altura nominal de cuello	Mm
Ø o D	Diámetro nominal de la unidad	Mm
Q	Caudal del aire impulsado o retornado	L/s o m^3/h
Qi	Caudal del aire inducido	L/s o m^3/h
f	Factor de Inducción o coeficiente para caudal del aire inducido por el impulsado	-
Vs	Velocidad de salida del aire en la superficie total de la rejilla o en el cuello del difusor	m/s
Vef	Velocidad efectiva de salida, medida entre lamas del difusor o rejilla	m/s
Pt	Pérdida de carga total, estática más dinámica, al paso del aire por la unidad	Pa o mm c.a.
Lpa	Nivel de presión sonora	dB(A)
Lwa	Nivel de potencia sonora	dB(A)
Lp	Nivel de presión sonora	dB
Lw	Nivel de potencia sonora	dB
Al	Alcance teórico del aire hasta la velocidad final considerada	m
Alr	Alcance real del aire que resulta de aplicar las correcciones al valor Al	m
Δt	Diferencia de temperatura entre el aire impulsado y el aire ambiente	°C
D	Desviación de la vena de aire	m
d	Desviación unitaria de la vena de aire	m/°C
e	Espesor de vena de aire a la velocidad final 0,25 m/s	m
Pc	Punto crítico	m

2.1. Velocidad de salida

Es la velocidad con la que el aire sale de la rejilla o difusor; se mide a 30 mm. de distancia horizontal desde el punto de salida; se mide con un anemómetro y corresponde a la superficie total de paso de la rejilla.

MEDICIÓN DE LAS VELOCIDADES.

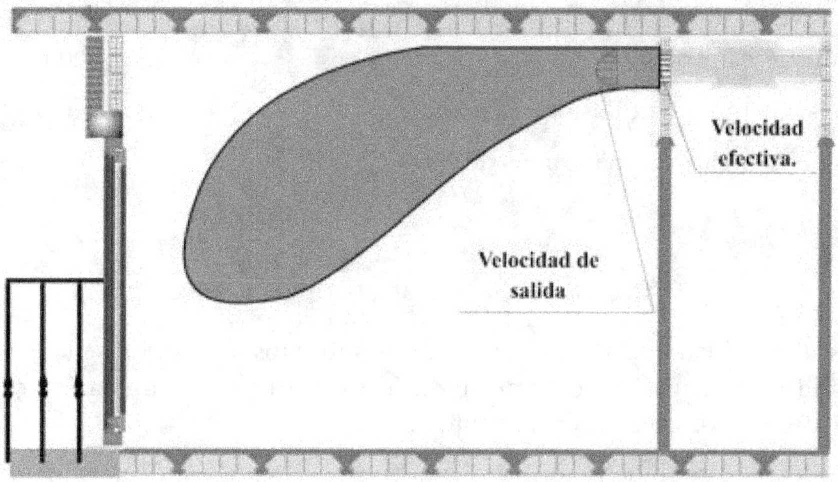

Medición de la velocidad de salida en una rejilla de impulsión

Aumenta proporcionalmente con el caudal de aire y afectará fundamentalmente al alcance del aire en el local y al ruido producido.

2.2. Velocidad efectiva V_{eff}.

Es la velocidad que se produce entre lamas en la rejilla o en el difusor; es mayor que la de salida pues se descuenta la superficie ocupada por las lamas y la superficie neta o efectiva [A_{eff}] es menor.

Está limitada en las instalaciones por los efectos que producen una velocidad excesiva de paso del aire por la unidad: pérdida de carga, alcance y nivel sonoro.

En las tablas de selección de los fabricantes se indican caudales de aire máximos que no sobrepasan la velocidad más alta recomendable para cada unidad de impulsión o extracción, ya que en caso de sobrepasarlas se producirían vibraciones o exceso de ruido.

Las velocidades recomendables y más comunes con que se trabaja son:

Rejillas de impulsión	2,5...3,5 m/s
Rejillas de retorno con lamas a 45° con o sin filtro	1,5...2,5 m/s
Rejillas de retorno de retícula	2,5...3,5 m/s
Rejillas de puerta	1,0...1,5 m/s
Rejillas de suelo	1,5...3,0 m/s
Difusores circulares (velocidad en cuello)	2,5...4,0 m/s
Difusores cuadrado (velocidad en cuello)	2,5...4,0 m/s
Difusores lineales	4,0...9,0 m/s
Rejas de toma y expulsión de aire	2,5...5,0 m/s
Rejillas lineales para cortinas de aire	4,0...6,0 m/s

2.3. Velocidad residual en la zona ocupada

Es la velocidad que afecta directamente sobre los ocupantes; se le llama residual porque ya no tiene función de transporte, únicamente se mantiene por cuestiones de confort.

Nunca el aire debe de entrar en la zona ocupada con una velocidad superior a las recomendadas, que son las indicadas en siguiente tabla.

Actividad de los ocupantes	Ejemplo	Velocidad final en m/s.
Alta	fábricas y similares	0,5 a 0,7
Media	oficinas y similares	0,35 a 0,5
Baja	salas de espera y similares	0,25 a 0,35

Existe una tolerancia a la velocidad superior en la época de verano, por el efecto refrescante que se produce con el movimiento de aire, llegando a ser incluso necesario que exista un movimiento mínimo; sin embargo, en invierno las corrientes de aire afectan negativamente a la sensación de confort.

2.4. Alcance

Es la distancia desde la unidad de impulsión al punto en el que la velocidad en el centro de la vena de aire ha descendido hasta la velocidad final considerada, generalmente 0,5 m/seg.

De alguna manera, es el dato proporcionado por los fabricantes que nos indica hasta dónde llega la vena de aire y la zona que es capaz de climatizar un elemento de difusión (rejillas, difusores, etc.).

El alcance puede ser isotérmico o no; se considera alcance isotérmico cuando el aire impulsado tiene la misma temperatura que la del ambiente (casos de sólo ventilación) y alcance no isotérmico cuando la temperatura de la impulsión es diferente a la del ambiente (refrigeración o calefacción).

La misma rejilla tiene un alcance mayor cuando la temperatura del aire impulsado es la misma que la del ambiente; cuando es diferente presenta una desviación de la vena de aire que tiende a subir en invierno, por ser de temperatura superior a la del ambiente, y a bajar en verano, por ser inferior; a este fenómeno lo llamamos **desviación**.

DESVIACIÓN VENA DE AIRE

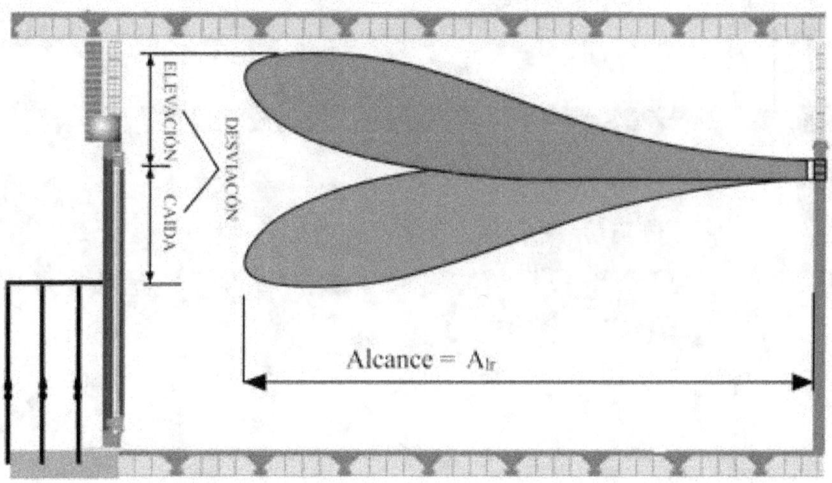

Alcance con efecto techo (Efecto Coanda)

Cuando el aire es impulsado por difusores de techo o por rejillas de pared situadas a una distancia menor de 30 cm. del techo, la vena de aire se adhiere al techo en su recorrido. Este fenómeno facilita que no incida en la zona de ocupación hasta haber descendido su velocidad hasta valores que no provocan sensación de corriente de aire, a la vez que aumenta el alcance de la vena de aire.

ALCANCE CON EFECTO TECHO

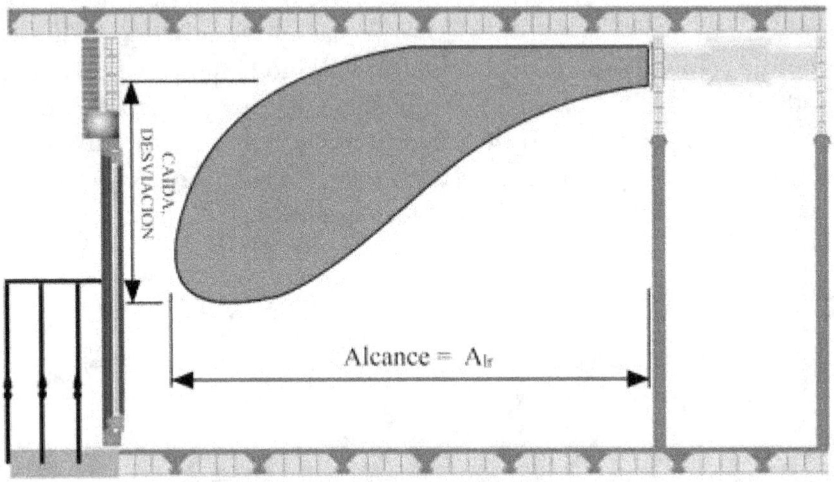

EFECTO TECHO DIFUSORES

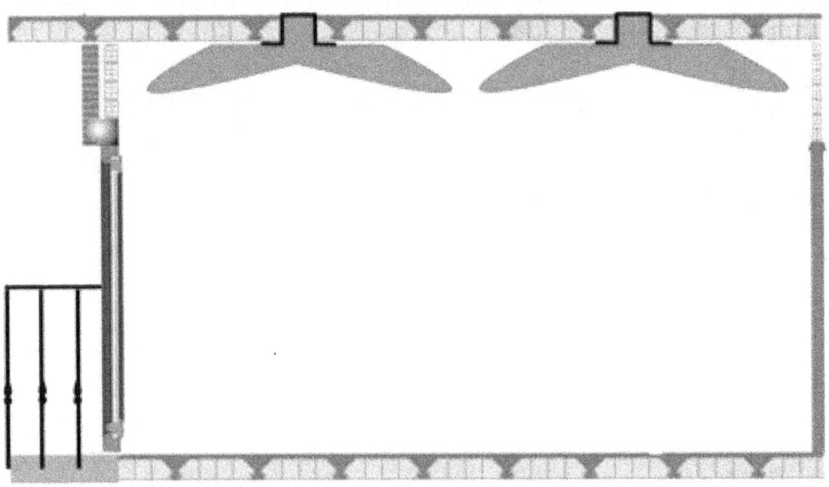

Alcance sin efecto techo

Si la impulsión se realiza desde la pared a una distancia del techo mayor de 30cm. el efecto de techo o efecto COANDA no se produce. Entonces el Alcance Real disminuye aproximadamente en un 25%.

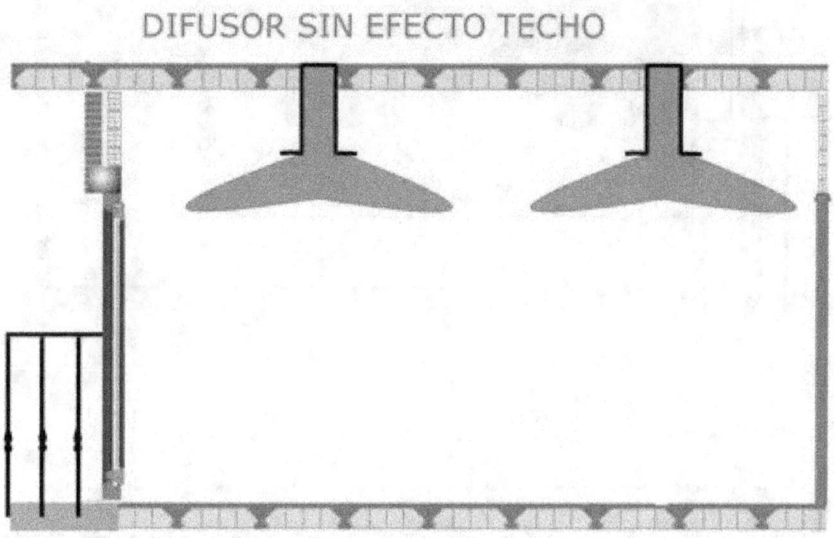

2.5. Punto crítico

El efecto techo se mantiene mientras la velocidad del aire es superior a 0,25 – 0,35 m/seg. Cuando la velocidad es menor, la vena de aire se despega del techo y comienza a descender; en el punto que esto se produce se le denomina punto crítico. Normalmente se puede determinar a partir de los datos que nos proporcionan los fabricantes en sus catálogos de selección.

Existen programas de selección de material de difusión que nos aportan varios datos relativos al alcance; como el alcance se calcula para una velocidad determinada, un mismo elemento de difusión tiene varios alcances en función de la velocidad final que determinemos.

Por eso es normal encontrar las siguientes expresiones:

Al02 = Alcance a una velocidad final de 0.2 m/seg.

Al03 = Alcance a una velocidad final de 0.3 m/seg.

ALCANCE, CAIDA, PUNTO CRITICO.

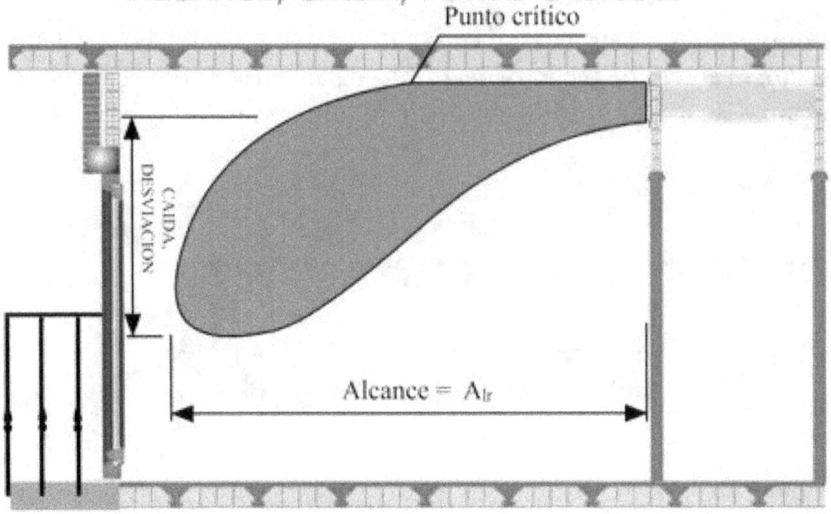

ALCANCES A DISTINTAS VELOCIDADES

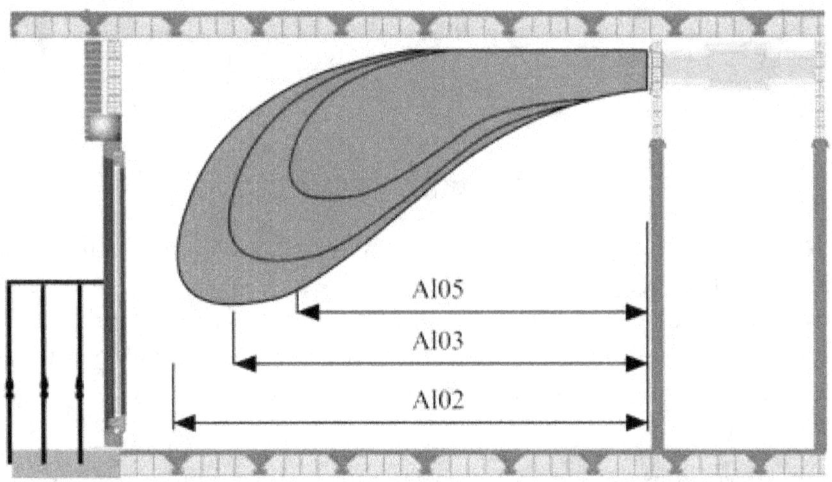

2.6. Espesor de la vena de aire, e en m.

Es la altura vertical de la vena de aire en el punto donde la velocidad final es la considerada.

Generalmente aparece cuando el aire impulsado llega a su punto crítico.

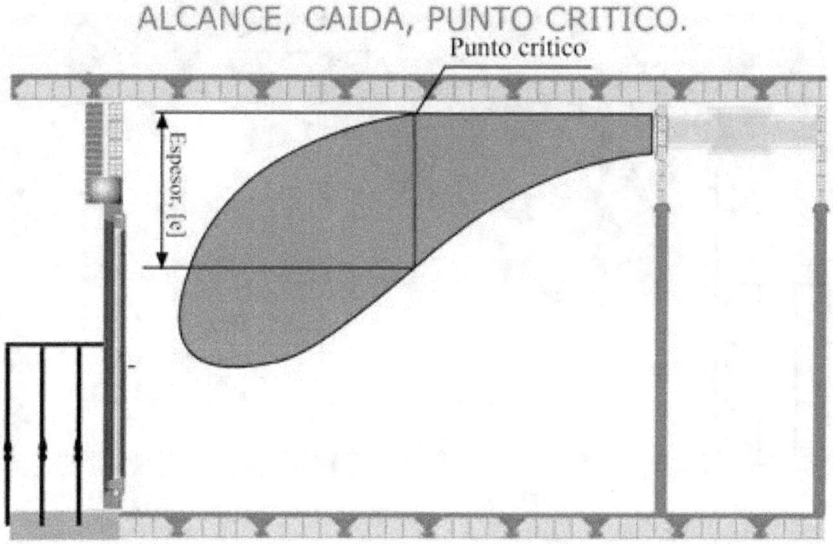

2.7. Caudal inducido, Qi en L/s o m^3/h.

Cuando una vena de aire sale de un elemento de difusión éste crea un efecto de arrastre sobre el aire del ambiente, generándose una mezcla del aire impulsado y el del ambiente, que presenta características intermedias; a medida que avanza la vena de aire se va haciendo más voluminosa y pierde velocidad; se llama caudal inducido a la cantidad de aire que es arrastrado por este fenómeno.

La inducción aumenta con la superficie de contacto de la vena de aire, de manera que según la necesidad se debe potenciar o disminuir.

Si se pretende que el alcance de un elemento sea grande se favorecerán venas de aire con poco perímetro, por ejemplo circulares o cuadradas, que son figuras geométricas con poco perímetro en relación a la superficie.

En ocasiones se pretende lo contrario, poco alcance o que cuando llegue a la zona ocupada el aire se haya mezclado de forma que no presente excesiva diferencia con el ambiente (caso de los difusores de techo circulares que tienen una forma geométrica de aros concéntricos que favorece la inducción); otro motivo puede ser que exista una pared enfrente de la rejilla de difusión y se pretenda evitar que rebote disminuyendo el alcance, en cuyo caso colocaríamos una rejilla de impulsión rectangular de poca altura.

Efecto de la Inducción.

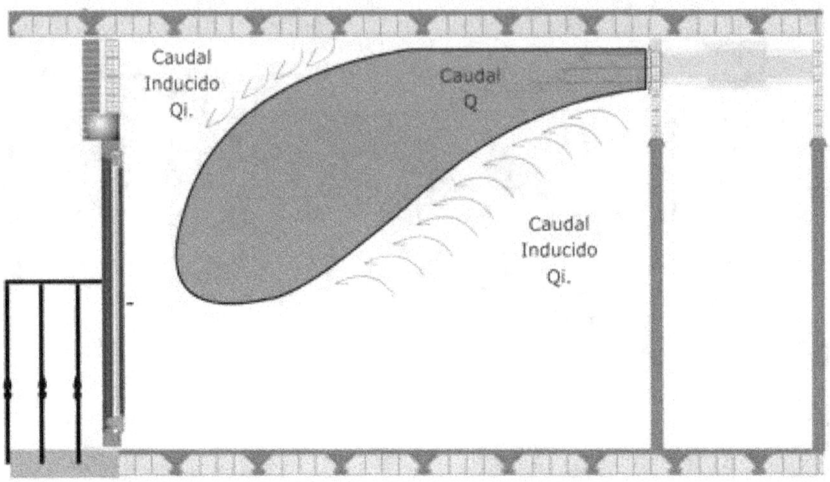

Inducción en los difusores de techo.

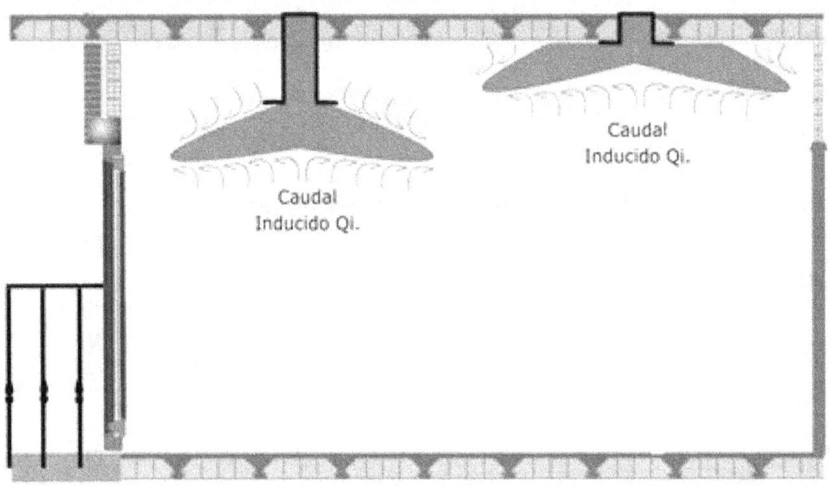

3. CONSIDERACIONES A TENER EN CUENTA EN LAS INSTALACIONES DE DISTRIBUCIÓN DE AIRE

Las instalaciones de distribución de aire son un elemento fundamental y determinantes del confort en los locales acondicionados; existen unas consideraciones básicas a tener en cuenta para conseguir el confort pretendido y las detallamos a continuación.

3.1. Prevención de zonas mal acondicionadas

Este defecto se da en las instalaciones que presentan zonas en el que el aire no es capaz de llegar, generalmente porque el retorno no está bien situado o la impulsión de aire no es suficiente. Es un defecto de diseño que se tendrá que prever en la fase de diseño, porque si se produce, en ocasiones resulta difícil de solucionar.

Zona mal acondicionada.

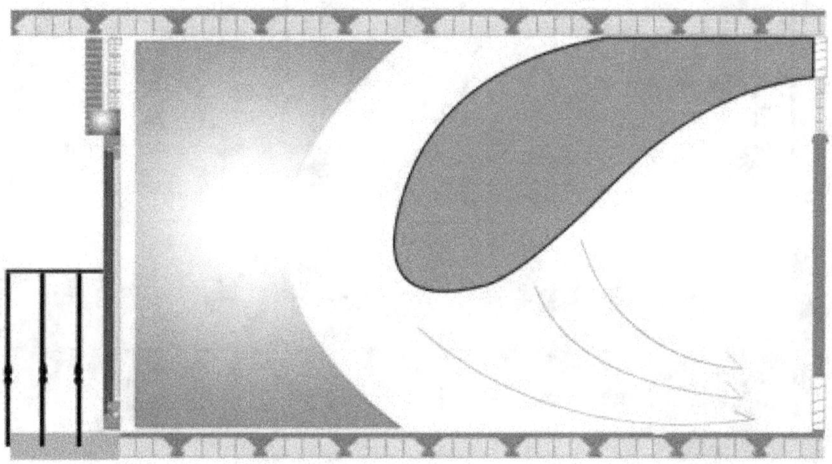

Zona bien acondicionada.

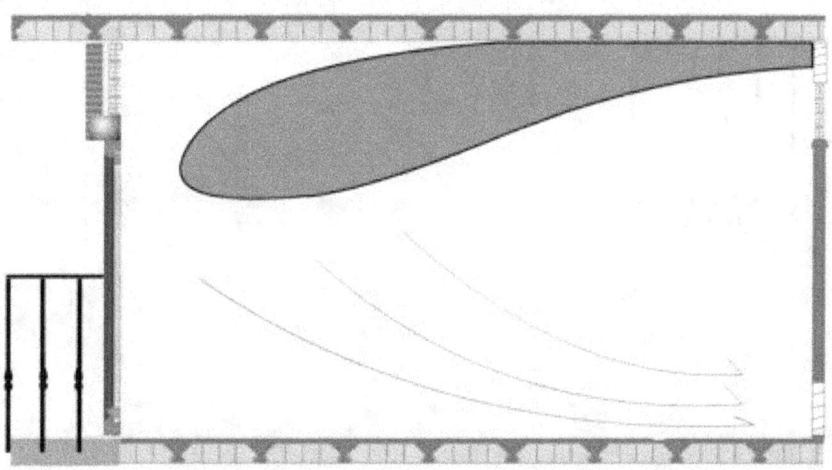

3.2. Prevención de cortocircuitos

Los cortocircuitos de aire se producen cuando el aire de la impulsión es enviado directamente a las rejillas de retorno impidiendo que cedan el frío o el calor que transporta.

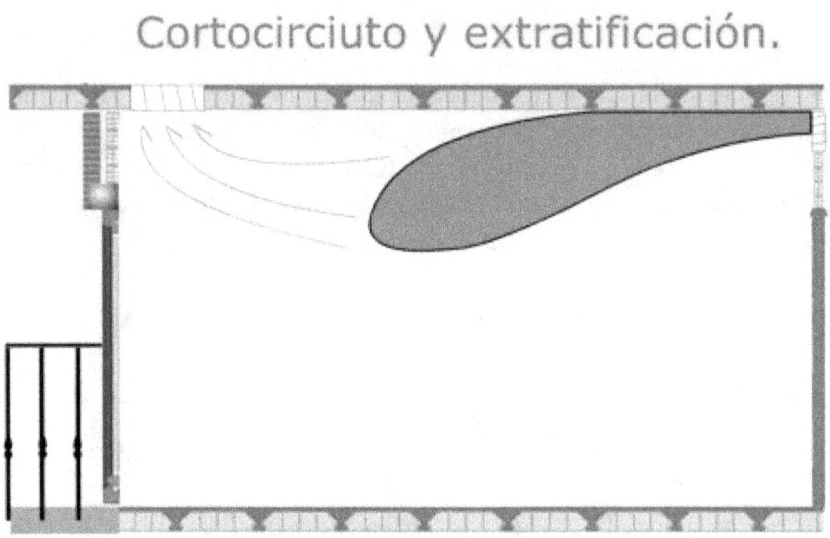

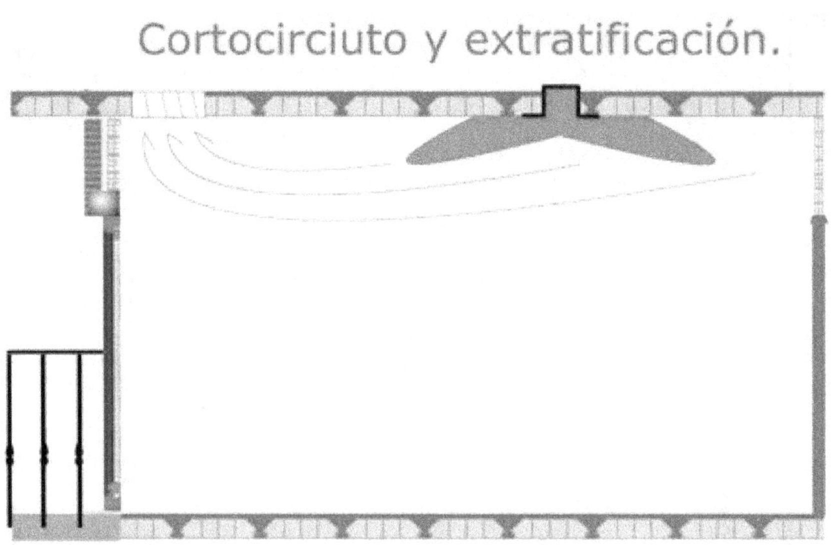

3.3. Prevención de estratificaciones

Estratificar el aire es situar el aire caliente en la zona más alta y el aire frío en la zona más baja; siendo acentuado en función del aumento de la altura en los locales, este fenómeno puede ser positivo o negativo desde el punto de vista de confort y ahorro energético.

En general, diremos que es positivo en verano y negativo en invierno.

Las estratificaciones de aire caliente (invierno) suelen producirse cuando se dan una o dos de las circunstancias siguientes:

- El aire de impulsión está mucho más caliente que el ambiente.
- La velocidad del aire de impulsión es baja y por la parte superior del local.
- El retorno está situado en la zona alta del local.

Si se reúnen las condiciones señaladas el aire circulará lentamente desde la impulsión hasta el retorno por la parte alta del local, siendo incapaz de llegar a la zona ocupada y resultando ser una instalación muy deficiente.

Sabemos que el aire caliente siempre tiene tendencia a elevarse, por eso tendremos que tomar precauciones en la fase de diseño de la instalación:

- Colocar el retorno en la parte inferior.
- Aumentar la velocidad de impulsión, generar inducción con aire del local y tratar de dirigir la vena de aire a la zona más baja.

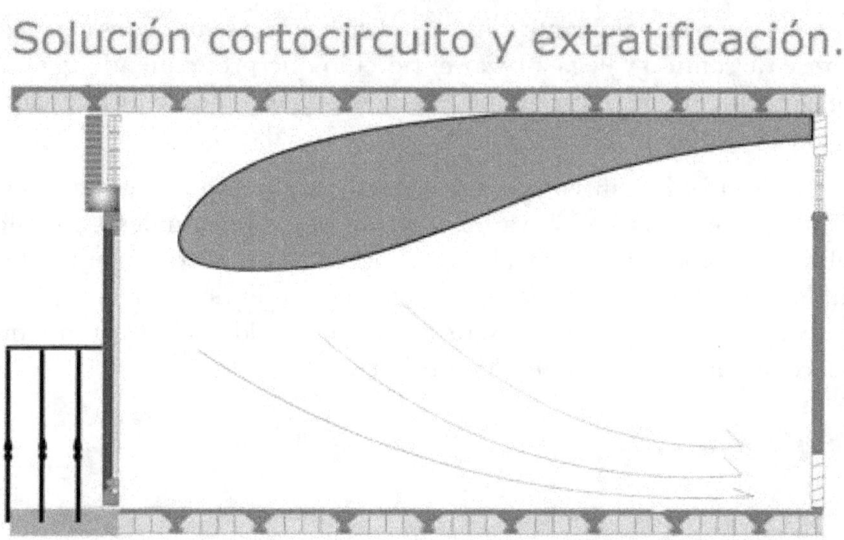

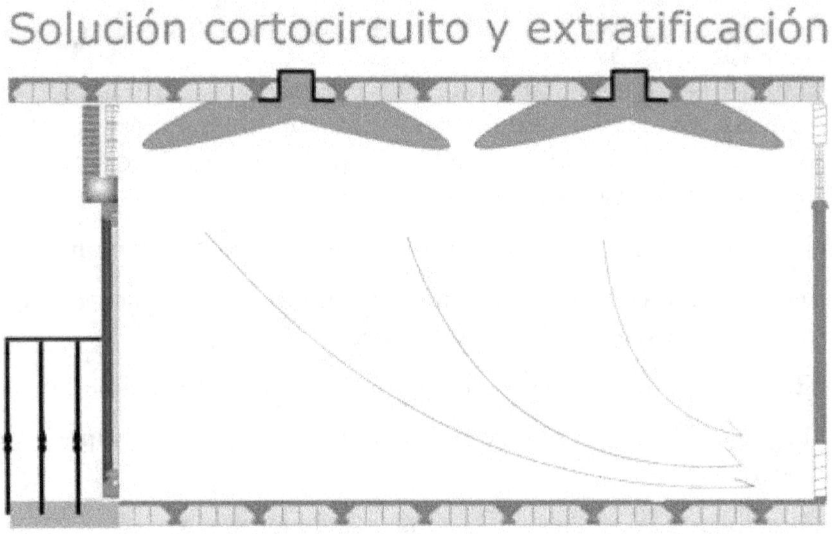

3.4. Control de la velocidad final o residual

Como ya hemos visto anteriormente, la velocidad residual o de la zona ocupada es fundamental; se debe mantener sin provocar exceso de movimiento de aire en la zona ocupada. Se debe diseñar la instalación de forma que se mantengan las condiciones de velocidad recomendadas para un sistema confortable.

3.5. Control del nivel de ruido

El ruido es un contaminante muy perjudicial para la salud de las personas, carece de sentido y llega a rozar el ridículo que pretendiendo generar un ambiente térmico confortable lleguemos a perjudicar a los ocupantes de un local por el ruido producido por las instalaciones.

En los sistemas de difusión de aire se suele producir por elevar excesivamente la velocidad efectiva en los elementos terminales; todos los fabricantes aportan en sus tablas o programas de selección el nivel de ruido que generarán estos elementos, dependiendo de la actividad o tipo de local. Este parámetro será tenido en consideración siempre que seleccionemos un elemento de difusión.

Tipo de local	Intervalo
CULTURAL Y RELIGIOSO	**dB**
cinematógrafos, bibliotecas y museos	30 - 35
templos	30 - 35
salas de conciertos u óperas, teatros, estudios de televisión y radio, estudios de reproducción de sonidos	? 25
DOCENTE	
aulas de enseñanzas	30 - 35
bibliotecas	30 - 35
laboratorios y talleres	35 - 40
salones de actos	30 - 35
salas de recreo y gimnasios	40 - 45
SANITARIO	
habitaciones privadas	? 30
salas generales, UCI y similares	30 - 35
quirófanos	25 - 30
salas de audiometria	? 25
laboratorios	35 – 40
salas de descanso	30 - 35
áreas de público y pasillos	35 - 40
RESIDENCIAL	
viviendas	30 - 35
hoteles y similares:	
- habitaciones	30 - 35
- vestíbulos, recepción y conserjeria	35 - 40
- salas de reuniones, banquetes etc.	35 - 40
residencias de ancianos	30 - 35
residencias de estudiantes	35 - 40
OCIO	
bares y cafeterias	40 - 45
restaurantes y salas de banquetes	35 - 40
salas de fiesta	40 - 45
COMERCIAL	
grandes almacenes:	
- plantas de acceso	40 - 45
- otras plantas	35 - 40
supermercados	40 - 45
tiendas	35 - 40
ADMINISTRATIVO Y DE OFICINAS	
despachos	30 - 35
oficinas abiertas	35 - 40
salas de reuniones etc.	30 - 35
salas de ordenadores, fotocopiadoras etc.	40 - 45
secretarias, salas de dibujo etc.	35 - 40
zonas generales	40 - 45
DEPORTIVO	
gimnasios	40 - 45
piscinas	45 - 50
VARIOS	
edificios para el transporte público	40 - 45
(aeropuertos y estaciones)	
garajes y almacenes	40 - 50
cocinas	45 - 50
lavanderias	50 - 55
talleres:	
- trabajos ligeros	45 - 55
- trabajos pesados	55 - 65
pasillos, aseos, servicios etc.	40 - 50

4. TIPOS DE MATERIAL DE DIFUSIÓN Y SU APLICACIÓN

4.1. Rejillas

4.1.1. Simple deflexión

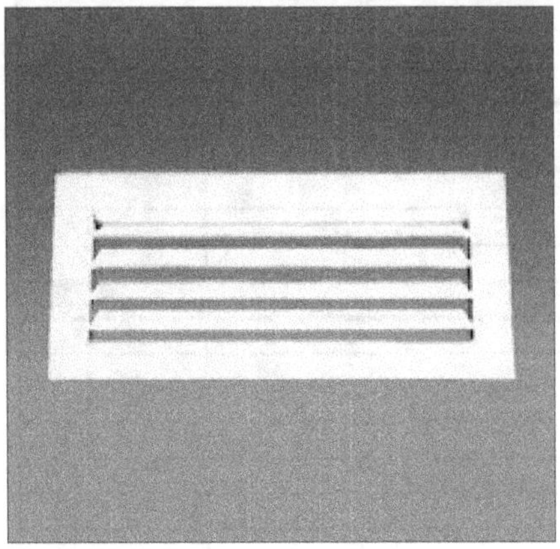

Como se observa en la imagen, son las que tienen sus lamas regulables y pueden variar su dirección una vez instaladas; su posición permanece invariable hasta que son reguladas manualmente de nuevo.

Las lamas pueden estar orientadas en sentido horizontal y vertical; en la imagen aparece una rejilla de lamas horizontales.

4.1.2. Doble deflexión

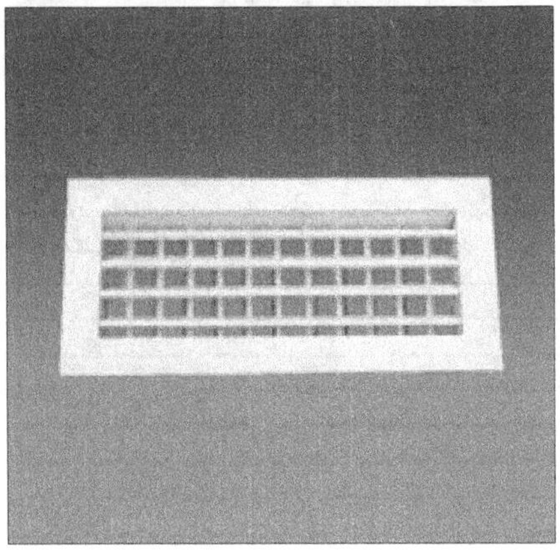

Tienen las mismas características que las anteriores pero su regulación es doble; puede ser vertical y horizontal ya que dispone de dos filas de lamas en ambos sentidos.

4.1.3. Fijas

Se diferencian de las anteriores en que no pueden ser reguladas ya que sus lamas están unidas al marco sin posibilidad de movimiento.

4.1.4. Retorno

Se utiliza en las instalaciones para captar el aire de retorno a la unidad climatizadora y para la extracción de aire en locales. Suelen ser de lamas fijas ya que no tienen la misión de dirigir el aire en ninguna dirección en concreto y su coste es menor.

4.2. Difusores

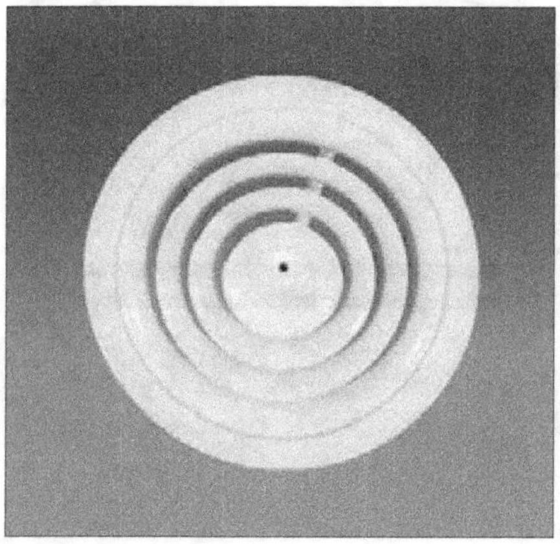

Un difusor es una boca de salida de aire que lo suministra en varios planos y direcciones.

4.2.1. De techo, circulares y cuadrados

Estos difusores están diseñados para su aplicación en aire acondicionado, ventilación y calefacción.

Su montaje se realiza en falsos techos o suspendidos del techo. Su forma garantiza una difusión uniforme del aire en todas direcciones, si es circular, y en cuatro si es cuadrado, lo que proporciona un elevado índice de inducción del aire ambiente.

Estos difusores pueden utilizarse en locales con alturas de hasta 4 metros y un diferencial de temperatura de hasta 12° C, obteniendo buenas prestaciones tanto en velocidad del aire como en nivel de presión sonora en la zona de confort.

4.2.2. Lineales de techo, pared y suelo

Los difusores lineales se utilizan para combinar la estética con las prestaciones técnicas. Su montaje se realiza en falsos techos o suspendidos del techo.

Posibilitan la formación de líneas continuas de difusor, con zonas activas e inactivas, sin romper la uniformidad estética del conjunto. Adecuados tanto para la impulsión como para retorno.

Mediante la regulación de sus aletas, orientables individualmente, se puede obtener una distribución horizontal del aire en una u otra dirección o una proyección vertical del mismo sin modificar el volumen del aire.

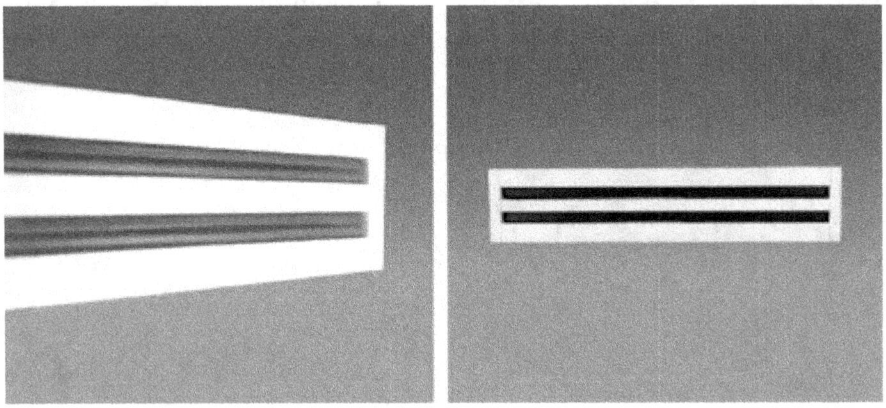

Los difusores admiten una variación de caudal del 60% manteniendo la estabilidad de vena de aire.

Estos difusores pueden ser utilizados en alturas de 2,6 hasta 4 metros y con un diferencial de temperatura de hasta 12° C.

4.2.3. Rotacionales

Los difusores rotacionales están diseñados para su aplicación en aire acondicionado, ventilación y calefacción de locales con alturas superiores a 4 metros y un diferencial de temperatura de hasta 15° C.

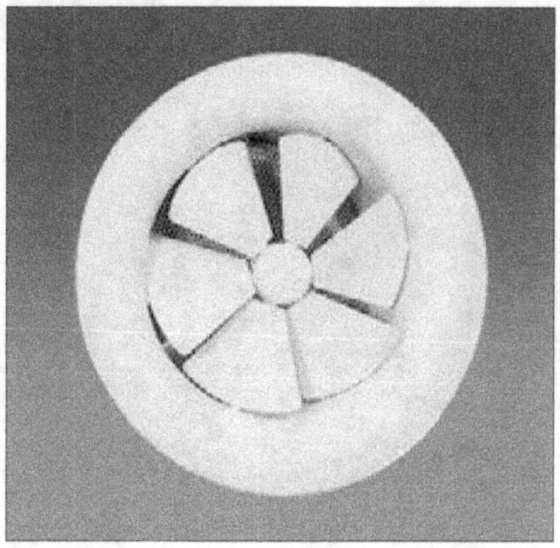

Son indicados tanto para uso industrial como en ámbito de confort.

Su forma circular, junto con el diseño helicoidal de sus aletas, provoca una difusión rotacional de la vena de aire, obteniendo un elevado índice de inducción y reduciendo la estratificación.

La difusión del aire puede ser variada mediante la regulación del ángulo de impulsión de sus aletas, manualmente o mediante un motor eléctrico, variando de proyección horizontal a proyección vertical según las necesidades.

Su montaje se realiza en el techo.

4.2.4. Perforados

Los difusores perforados están diseñados para su aplicación en aire acondicionado, ventilación y calefacción.

Su montaje se realiza en falsos techos.

El diseño de la placa perforada del difusor provoca una impulsión horizontal del aire en 4 direcciones, con un acentuado efecto coanda.

Sus múltiples pequeñas aberturas proporcionan al difusor un elevado índice de inducción, asegurando un flujo de aire uniforme en toda la sección de paso.

Los difusores admiten una variación de caudal del 60% manteniendo la estabilidad de vena de aire.

Estos difusores pueden ser utilizados en alturas de 2,6 hasta 4 metros y con un diferencial de temperatura de hasta 12° C.

Su diseño, sobrio y discreto confiere a los difusores una excelente capacidad de integración arquitectónica en los techos de construcción moderna.

5. SISTEMAS DE ZONIFICACIÓN. COMPUERTAS MOTORIZADAS, SERVOS, CENTRALITAS

El sistema de zonificación permite un control de temperatura individualizado de diferentes zonas con un mismo equipo de tratamiento de aire, con el fin de conseguir un aumento del confort en cada una de ellas. Además, se disminuye el consumo eléctrico y se aumenta la eficiencia energética de la instalación.

Generalmente los sistemas de zonas están diseñados para trabajar con equipos de climatización de expansión directa (sólo frío o bomba de calor) de tipo conducto; algunos de ellos permiten controlar equipos de dos etapas de compresor.

Con sistema de zonas se solucionan los problemas típicos que presentan las instalaciones centralizadas convencionales, como:

- Aparición de zonas frías o calientes debido a las diferencias de carga térmica entre las distintas habitaciones.
- Climatización de zonas desocupadas al no considerar la simultaneidad de uso.
- Sobredimensionado de los equipos de producción.

El sistema de zonificación permite dividir un recinto en zonas independientes de control. Se instala en cada una de ellas un termostato y una compuerta de regulación motorizada (tipo TODO/NADA) gobernada por la central de control, con el fin de aumentar el confort en la totalidad del recinto.

Además, el sistema de zonas no sólo aumenta el confort y el control sino que disminuye el consumo eléctrico, la inversión en el equipo de climatización y la potencia eléctrica contratada, lo que permite un ahorro de dinero y amortizar la inversión en un periodo razonable de tiempo.

Componentes principales del sistema	
Central de control	Permite controlar las zonas y el equipo de climatización.
Termostatos	Termostatos de control ambiente en zonas, con una precisión de +/- 0.5 °C.
Regulaciones motorizadas	Adaptables a cualquier instalación. Motor 24 Vdc.
Equipo de climatización	Compatible con cualquier equipo del mercado. Controla equipos de 2 etapas.

El siguiente esquema muestra un ejemplo del funcionamiento de un sistema de zonas:

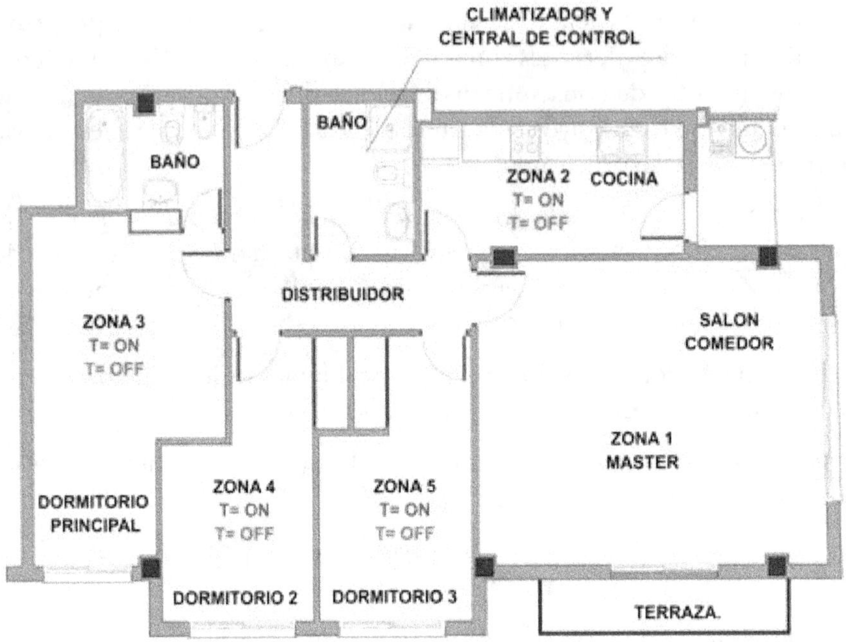

Los termostatos instalados en cada una de las zonas a climatizar envían una señal a la central electrónica de control que, en función de la señal recibida y de la temperatura seleccionada, abre o cierra las diferentes regulaciones motorizadas instaladas en cada zona. La central, gobernada por el termostato MASTER, también controla el paro/marcha (ON/OFF) del equipo de climatización y el modo de funcionamiento (frío / calor).

De este modo se puede controlar la temperatura en cada una de las zonas, contrarrestar la variación de la carga térmica a lo largo del día y climatizar únicamente las zonas ocupadas en cada instante.

Los componentes de los sistemas de zonas son los siguientes:

- Central electrónica de control.
- Termostatos. MASTER y ZONA.
- Regulaciones Motorizadas.
- Compuertas de sobrepresión.

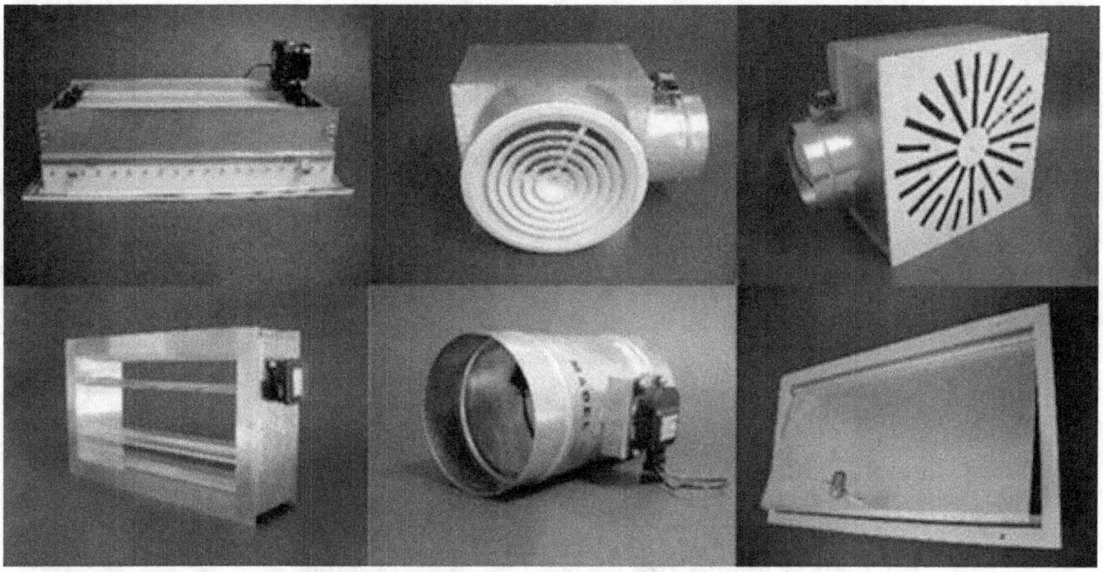

6. PROCESO DE CÁLCULO DE UNA INSTALACIÓN DE DIFUSIÓN DE AIRE

Partiremos de los datos siguientes:

- Caudal a extraer o impulsar, en m^3/h, que nos viene dado por las características técnicas del climatizador. En el caso de equipos climatizadores donde no conocemos el caudal de impulsión, podemos calcularlo multiplicando su potencia frigorífica en Watios 0,23.

  $Q (m^3/h) = P (Watios) \times 0,23$

- Altura del local.
- Altura de colocación de los difusores o rejillas.

a) Plantear una distribución de difusores en el techo del local.

Para distribuir las rejillas por un local, podemos dibujar una malla con un lado igual a la altura libre del local; es decir, si el local tiene 4m de alto, dibujar las rejillas separadas 4m unas de otras. Hay que tener en cuenta que la separación de las paredes debe ser la mitad (2 m).

Las zonas singulares, rincones, etc., deben resolverse posteriormente, con soluciones específicas.

b) Ajustar a un valor exacto.

Si de lado a lado de pared nos caben tres difusores, pero el último tramo queda más largo o más corto, podemos dividir la distancia en tres partes.

Ejemplo: si el ancho del local es de 21 m, y tanteamos situando los difusores a 4 m entre ellos, nos caben cinco y nos sobra 1 m. (2+4+4+4+4+2). Dividimos 21/4 = 5,25. Entonces repartimos de nuevo con: (5,25/2 = 2,62m)

(2,62+5,25+ 5,25+5,25+5,25+2,62)

c) Calcular el caudal por cada rejilla.

Dividimos el caudal total entre el número de difusores que hemos planteado, de forma que obtenemos el caudal de cada difusor. El caudal de difusor 600 y 2.000 m^3/h.

d) Dimensionar el difusor.

Con un catálogo de difusores elegimos uno que admita el caudal anterior, con un nivel de ruido (dBA) admisible para el local. A mayor difusor, menor será su ruido, pero la velocidad de salida será demasiado baja.

e) Comprobar el alcance y la caída.

Ver si el alcance de la vena de aire, alcanza del 75% al 100% de la distancia al siguiente difusor. Si los separamos 4 m, la mitad son 2m, y el 75% son 1,5m.

Comprobar si la caída de la vena de aire llega a menos de 2m , ya que puede molestar.

f) Redimensionar el difusor.

- cambiar de modelo (con más o menos inclinación) hasta que se cumplan las condiciones anteriores. Si no se puede, redistribuir los difusores en el local, aumentando o disminuyendo la distancia entre ellos. Volver al punto 2.

Si disponemos de un programa de cálculo de difusores, de alguna casa comercial, podemos ajustar mejor el cálculo, pero siempre debemos verificar que la solución se adapte a nuestro local, a su forma y uso.

Recomendaciones

- En locales de hasta 4 m de alto, situar difusores en el techo, con una separación de 3 a 6 m entre ellos.
- En locales de altura mayor de 4 m, los difusores han de ser de tipo rotacional, o de tipo cónico, con mayor ángulo de salida. También pueden instalarse rejillas de lamas curvas, que nos permiten variar su inclinación.
- En caso de colocar rejillas en las paredes, tener en cuenta que su alcance es como máximo de unos 6 m. Si las instalamos de tipo doble deflexión, tendremos más margen para cambiar la vena de aire, dirección, anchura.
- Las rejillas lineales son muy decorativas, y se puede variar su inclinación. Permiten buenas separaciones y se pueden combinar en techo y paredes al mismo tiempo.
- Las toberas tienen un alcance de unos 15 a 20 m. Son imprescindibles en locales anchos, sin falso techo.
- En salones de actos, cines, y otros locales con butacas, se puede impulsar el aire con rejillas situados en los escalones.
- Conviene que todas las salida de aire tengan regulación.

RESUMEN

En toda instalación de climatización, sea cual sea, su objeto es proporcionar ventilación, refrigeración, calefacción o una combinación de éstas.

Es necesario primeramente que la potencia de los equipos instalados sea suficiente para lograr el objetivo deseado y esto vendrá determinado por el cálculo que se debe hacer en cada caso.

Pero tan importante como esto es que la carga térmica y ventilación proporcionada por los equipos sea correctamente distribuida por los locales a climatizar a través del aire impulsado o extraído.

Una distribución de aire estará bien realizada cuando en cada local, una vez climatizado, se cumplan estas condiciones:

- La temperatura y humedad resultan uniformes, sin estratificaciones de aire caliente en la parte superior o de aire frío en la inferior.
- No hay zonas deficientemente tratadas donde no llega el aire impulsado, ni tiene puntos de extracción. En estas zonas, las condiciones interiores proyectadas no se logran, o se consiguen de forma irregular debido solamente a las corrientes de convección interior, normalmente muy lentas.
- En ningún lugar de la zona de estar existen corrientes de aire a velocidades superiores a las más adelante definidas.

ANEXO
(Ábacos y tablas selección de material de difusión)

TABLA DE SELECCIÓN DE REJILLAS Y DIFUSORES

REJILLAS DE IMPULSIÓN

Caudal m³/h	L X H	Δ p mm. c.d.a.	Alc. m.l.	dB (A)
200	200 X 100	1,2	4,9	20
315	250 X 100	1,9	6,9	27
400	300 X 100 200 X 150	2,2	8,1	30
500	400 X 100 250 X 150 200 X 200	1,8	8,6	28
560	450 X 100 300 X 150	1,8	9,2	29
630	500 X 100 350 X 150 250 X 200	1,9	9,7	30
710	500 X 100 350 X 150 250 X 200	2,4	11	32
800	600 X 100 400 X 150 300 X 200	2,1	11,3	32
900	700 X 100 450 X 150 350 X 200	2	11,8	32
1000	800 X 100 500 X 150 400 X 200	1,9	12,3	32
1250	1000X100 700 X 150 500 X 200	1,9	13,7	33
1400	800 X 150 600 X 200 500 X 250	1,6	14	32
1600	900 X 150 700 X 200 450 X 300	1,6	15	33

REJILLAS DE RETORNO

Caudal m³/h	L X H	Δ p mm. c.d.a.	dB (A)
200	250 X 100	2,1	28
315	350 X 100	2,7	33
400	450 X 100 300 X 150	2,7	34
500	600 X 100 400 X 150 300 X 200	2,3	3
630	700 X 100 450 X 150 350 X 200	2,1	33
710	900 x 100 600 X 150 450 X 200	2,1	34
800	1000X100 700 X 150 500 X 200	2,2	34
900	800 X 150 600 X 200 500 X 250	1,9	33
1000	900 X 150 700 X 200 450 X 300	1,8	34
1250	900 X 200 700 X 250 600 X 300	1,6	33
1400	1000X200 800 X 250 700 X 300	1,6	34
1600	1000X250 800 X 300 700 X 350	1,4	33

DIFUSORES CIRCULARES — SERIE 2000

Tamaño Ø mm	Velocidad efectiva m/s	2,5	3	3,5	4
	Δ pm/m.c.a.	0,8	1,2	1,6	2,1
6"	CAUDAL	131	156	183	208
136 mm	Alcance	0,4	0,5	0,6	0,7
	dB (a)	26	30	34	37
8"	CAUDAL	261	313	356	417
192 mm	Alcance	0,6	0,7	0,8	0,9
	dB (a)	28	32	35	38
10"	CAUDAL	435	522	609	696
248 mm	Alcance	0,7	0,9	1	1,2
	dB (a)	30	33	36	40
12"	CAUDAL	653	783	915	696
304 mm	Alcance	0,7	1,1	1,3	1,2
	dB (a)	30	35	39	40
14"	CAUDAL	915	1099	1283	1466
360 mm	Alcance	1,2	1,4	1,7	1,9
	dB (a)	36	40	44	48

DIFUSORES CUADRADOS — SERIE 4000

Tamaño Ø mm	Velocidad efectiva m/s	2,5	3	3,5	4
	Δ pm/m.c.a.	1,7	2,4	3,4	4,5
6"x6"	CAUDAL	203	243	284	324
150	Alcance	1,3	1,5	1,8	2
	dB (a)	29	34	39	44
9"x9"	CAUDAL	456	547	638	729
225	Alcance	1,9	2,3	2,6	3
	dB (a)	29	34	39	44
12"x12"	CAUDAL	810	972	1134	1296
300	Alcance	2,5	3	3,5	4
	dB (a)	30	35	40	45
15"x15"	CAUDAL	1266	1519	1772	2025
375	Alcance	3,1	3,8	4,4	5
	dB (a)	31	36	40	46
18"x18"	CAUDAL	1823	2187	2552	2916
450	Alcance	3,8	4,5	5,3	6
	dB (a)	32	37	42	47

Selección de rejillas lineales

CTM SERIES

SECCIÓN LIBRE DE SALIDA DEL AIRE m2

H \ L	150	200	250	300	350	400	450	500	600	700	800	900	1000
100	0,008	0,012	0,015	0,018	0,022	0,025	0,028	0,031	0,037	0,044	0,051	0,057	0,063
150	0,013	0,019	0,024	0,029	0,034	0,037	0,044	0,049	0,060	0,070	0,080	0,090	0,101
200	0,018	0,026	0,033	0,040	0,047	0,054	0,061	0,068	0,082	0,096	0,110	0,124	0,138
250	0,024	0,033	0,042	0,051	0,059	0,056	0,077	0,086	0,104	0,122	0,140	0,159	0,175
300	0,029	0,040	0,050	0,062	0,072	0,083	0,094	0,105	0,126	0,148	0,169	0,191	0,213
350	0,034	0,047	0,059	0,072	0,085	0,098	0,110	0,123	0,148	0,174	0,199	0,225	0,250
400	0,039	0,054	0,058	0,083	0,098	0,112	0,127	0,142	0,171	0,200	0,229	0,258	0,287
450	0,044	0,061	0,077	0,094	0,110	0,127	0,143	0,160	0,193	0,226	0,259	0,292	0,325
500	0,049	0,068	0,086	0,105	0,123	0,142	0,160	0,178	0,215	0,252	0,289	0,325	0,362
600	0,059	0,082	0,104	0,126	0,149	0,171	0,193	0,215	0,259	0,304	0,348	0,393	0,438

VELOCIDADES RECOMENDADAS.

Vmin m/s	Vmax m/s
2	3.5

Determinación del caudal de aire. Midiendo Vf en diferentes puntos de la rejilla hallamos Vfmed

Q (l/s) = Vfmed (m/s) * Afree (m2) * 1000

Q (m3/h) = Vfmed (m/s) * Afree (m2) * 3600

VALORES DE CORRECCIÓN PARA Lwa1.

Afree m2	0,01	0,02	0,05	0,1	0,2	0,4
Lwa1(kf)	-9	-6	-3	-	+4	+7

Valores del diagrama referidos a Afree = 0,1 m2.

Lwa = Lwa1 + Kf

FACTOR DE CORRECCIÓN PARA DIFFERENTES POSICIONES DE LAS LAMAS

	0°	22°	45°
Kp	1	1,28	1,5

DPt' = Dpt x Kp

VELOCIDAD LIBRE PERDIDA DE CARGA Y POTENCIA SONORA

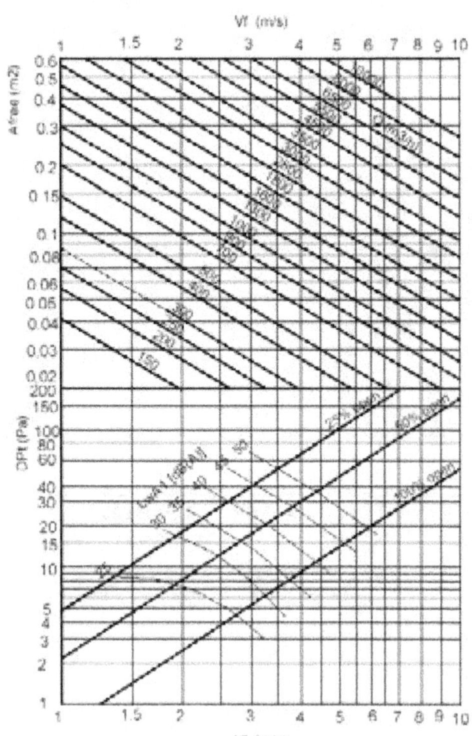

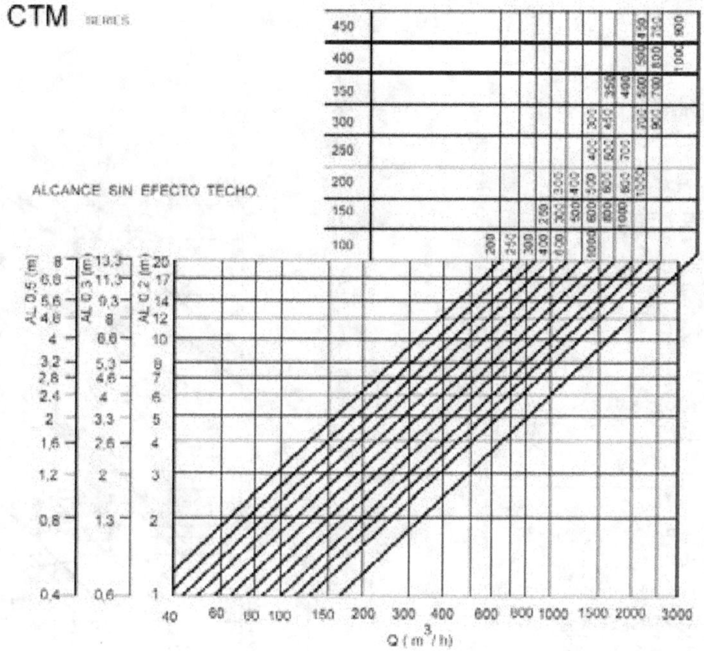

POSICIÓN LAMAS 0°
SIN EFECTO TECHO

AL0,2
Lb = AL0,2 x 0,53
bv = AL0,2 x 0,12
bh = AL0,2 x 0,4

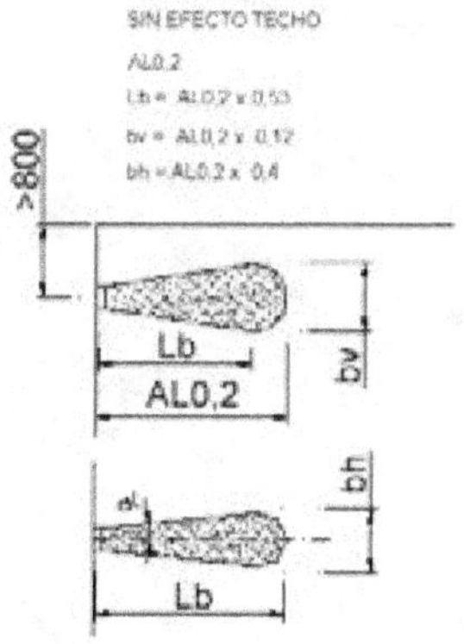

POSICIÓN LAMAS 0°
CON EFECTO TECHO

AL'0,2 = AL0,2 x 1,33
Lb = AL0,2 x 0,7
bv = Al0,2 x 0,106
bh = Al0,2 x 0,53

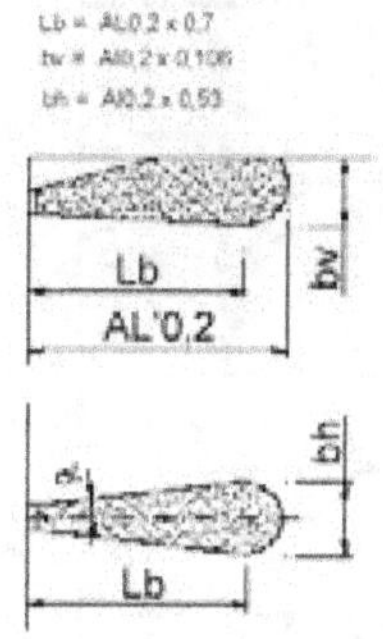

FACTOR DE CORRECCIÓN PARA LA POSICIÓN DE LAS LAMAS

AL0.2(22°) = Al0.2 x 0.8
Lb(22°) = AL0,2 x 0,53
bv(22°) = Al0,2 x 0,096
bh (22°) = Al0.2 x 0.48

AL0.2(45°) = Al0.2 x 0.6
Lb(45°) = AL0.2 x 0.33
bv(45°) = Al0,2 x 0,06
bh(45°) = Al0.2 x 0.6

FACTOR DE CORRECCIÓN PARA LA POSICIÓN DE LAS LAMAS

AL0,2(22°) = Al0,2 x 1,064
Lb(22°) = Al0.2 x 0,7
bv(22°) = Al0,2 x 0,08
bh(22°) = Al0.2 x 0,64

Lb(45°) = Al0,2 x 0,66
Lb(45°) = Al0,2 x 0,44
bv(45°) = Al0,2 x 0,054
bh(45°) = Al0.2 x 0.708

Difusores circulares

VELOCIDAD RECOMENDADAS

DCN	Vmin m/s	Vmax m/s
160	2.5	4.5
200	2.5	4.5
250	2.5	4.5
315	2.5	4.5
355	2.5	4.5
400	2.5	4.5

VELOCIDAD LIBRE, PERDIDA DE CARGA Y POTENCIA SONORA.
ALCANCE CON EFECTO TECHO

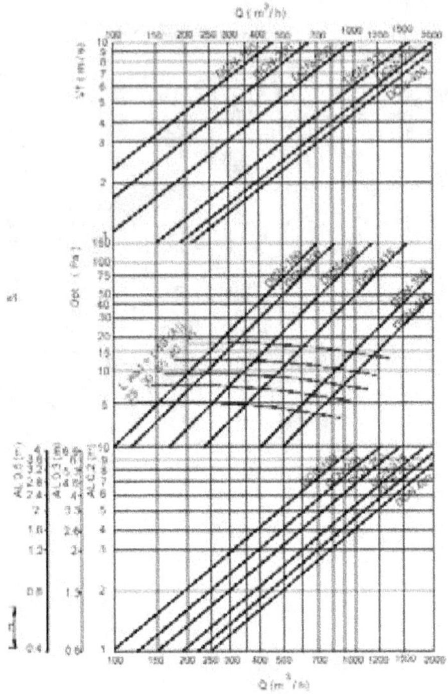

SECCION LIBRE DE SALIDA DEL AIRE (m2)

DCN	Ak m2	Afree m2	Qmin m3/h	Qmax m3/h
160	.0183	.016	140	260
200	.0292	.02	180	325
250	.0462	.0330	295	530
315	.0743	.0460	415	745
355	.0949	.0550	495	890
400	.121	.070	630	1135

VALORES DE CORRECCION PARA DPt Y Lwa1

DCN+R3E		100% Open	50% Open	10% Open
160	Dpt (Kp)	1	1,82	4,55
	Lwa1 (Kf)	+0	+6	+15
200	Dpt (Kp)	1	4,38	7,5
	Lwa1 (Kf)	+0	+6	+15
250	Dpt (Kp)	1	4,17	8,33
	Lwa1 (Kf)	+0	+6	+16
315	Dpt (Kp)	1	3	18
	Lwa1 (Kf)	+0	+7	+16
355	Dpt (Kp)	1	2.5	5
	Lwa1 (Kf)	+0	+7	+17
400	Dpt (Kp)	1	3,4	20
	Lwa1 (Kf)	+0	+7	+17

$$DPt1 = Kp \times DPt$$

$$Lwa = Lwa1 + Kf$$

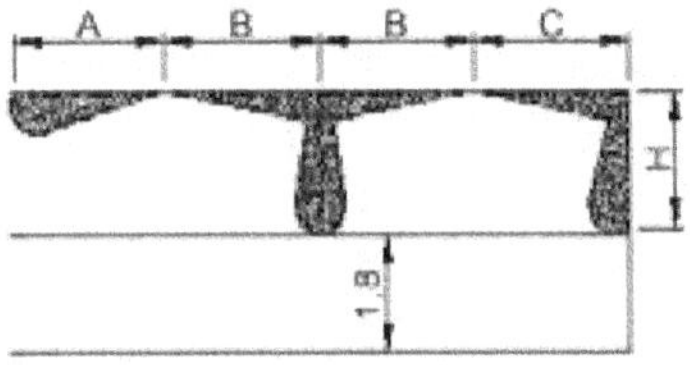

$AL_{0.2} = A$

$AL_{0.2} = B + H$

$AL_{0.2} = C + H$

DCN SERIES

FACTOR DE CORRECCION DE LA DIFUSIÓN VERTICAL (bV) PARA DT (-).

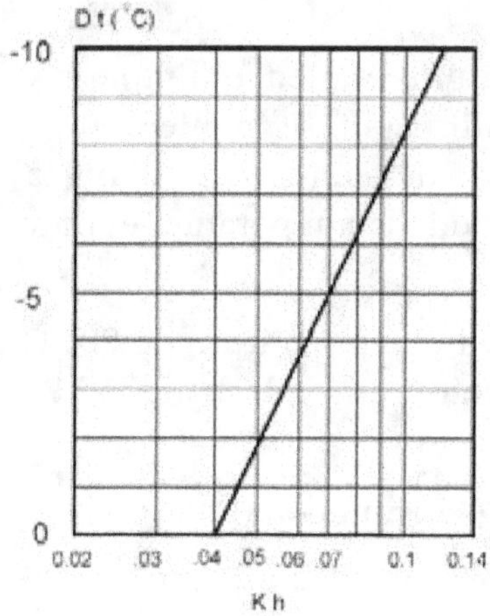

Kh = Factor de corrección de la difusión vertical.

FACTOR DE CORRECCION DEL ALCANCE (L0.2) DT (-).

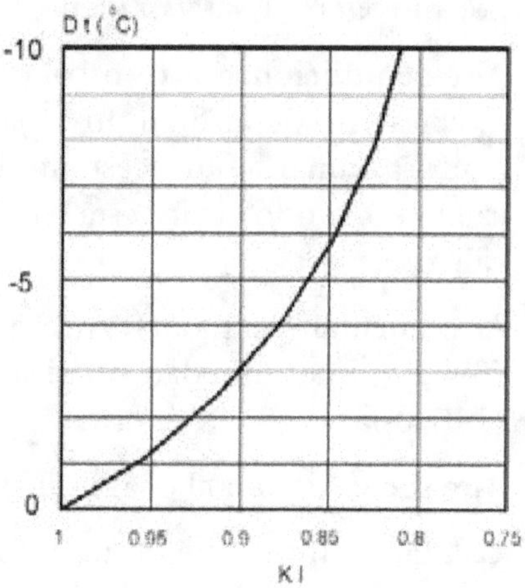

kl = Factor de corrección del alcance.

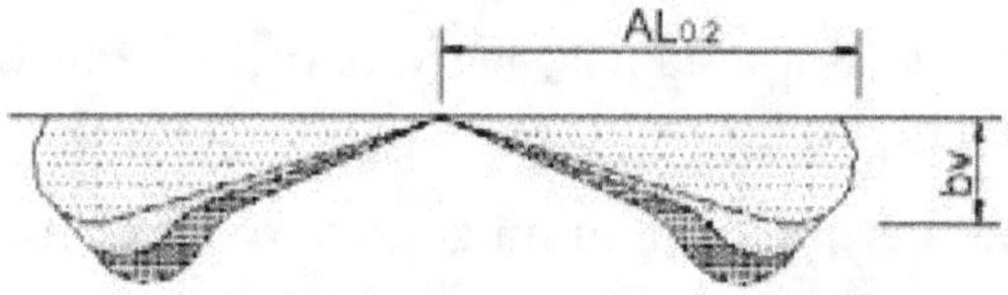

$$bv = Kh \times Al_{0.2}$$

$$AL'_{0.2}\ (Dt < 0) = Kl \times AL_{0.2}$$

RELACION DE TEMPERATURAS

$$\frac{Dtl}{Dtz} = \frac{t\ local - t\ x}{t\ local - t\ imp}$$

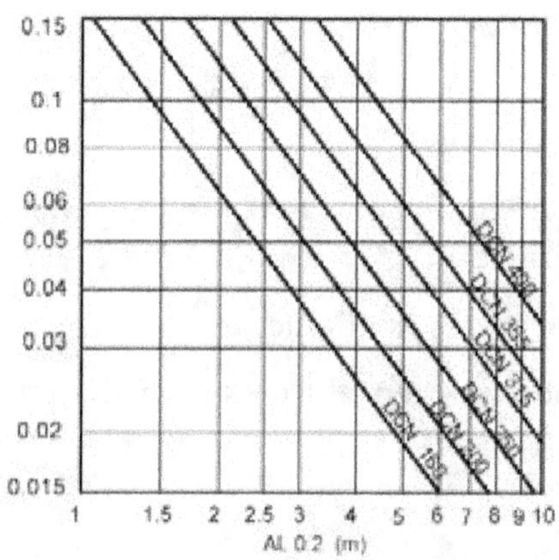

RELACION DE INDUCCION

$$i = \frac{Qr}{Q_0} = \frac{Q\ total\ en\ x}{Q\ de\ impulsion}$$

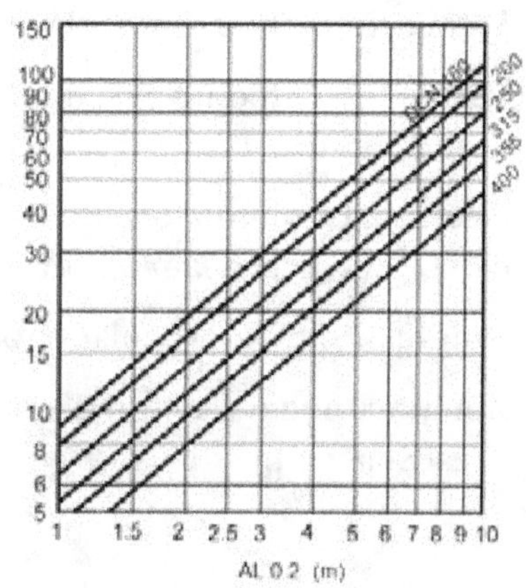

GLOSARIO

Anemómetro: Instrumento que sirve para medir la velocidad o la fuerza del viento.

Aire: Mezcla de gases que rodea a la tierra, compuesto mayoritariamente por nitrógeno (N_2) y oxígeno (O_2).

Aire acondicionado: Control de la temperatura, humedad, limpieza y movimiento de aire en un espacio confinado, según se requiera, para confort humano o proceso industrial. Control de temperatura significa calentar cuando el aire está frío, y enfriar cuando la temperatura es muy caliente.

Aire normal (estándar): Aire que contiene una temperatura de 20° C (68° F), una humedad relativa de 36 % y una presión de 101.325 kPa (14.7 psia).

Aire seco: Aire en el cual no hay vapor de agua (humedad).

Caudal: Cantidad de un líquido o un gas que fluye en un determinado lugar por unidad de tiempo.

Cortocircuito: Condición eléctrica, donde una parte del circuito toca otra parte del mismo, provocando que la corriente o parte de la misma, tome un trayecto equivocado.

Confort: Aquello que produce bienestar y comodidades.

Difusión: Distribución uniforme de una sustancia, gas o cuerpo, producida por el movimiento espontáneo de las moléculas que lo componen.

Impulsión: Conjunto de elementos que forman un conducto para lanzar el aire a un local.

Velocidad: Magnitud física que expresa el espacio recorrido por un móvil en la unidad de tiempo. Su unidad en el Sistema Internacional es el metro por segundo (m/s).

Ventilación: Flujo de aire forzado, por diseño, entre un área y otra.

Ventilador: Dispositivo de flujo radial o axial, usado para mover o producir flujo de gases.

Retorno: Conjunto de elementos que forman un conducto para devolver el aire del local a la máquina de climatización.

Ruido: Sonido inarticulado, por lo general desagradable.

Zona ocupada: Parte del recinto climatizado en el que se considera presencia de personas.

LABORATORIO

Sea un comedor de un restaurante en el que se pretende realizar una instalación de climatización con la geometría grafiada, sabiendo que:

La potencia térmica a instalar es de 10.000 Kcal/h.

La temperatura deseada es de 24 °C.

La máquina seleccionada impulsa el aire a 14 °C.

El caudal de aire de la máquina es de 4.200 m^3/h.

Se pide dimensionar una instalación de material de difusión con difusores de techo circulares que cumpla los siguientes requisitos:

Velocidad máxima en la zona ocupada 0,25 m/seg.

Funcionamiento de verano e invierno.

Ruido máximo admisible de 35 dB.

Realizar la misma operación, pero instalando rejillas de impulsión en las paredes laterales.

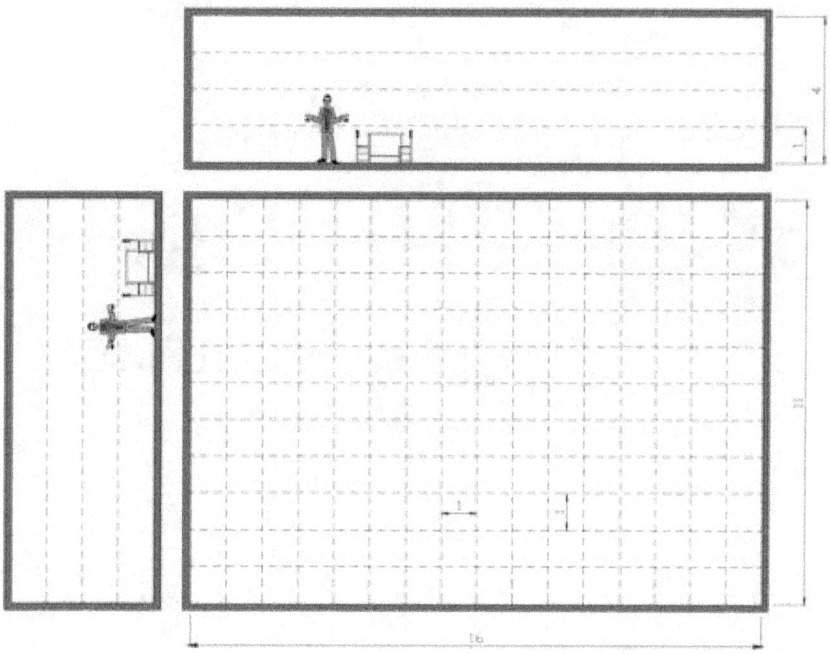

U.D. 5 CÁLCULO DE CARGAS TÉRMICAS

ÍNDICE

INTRODUCCIÓN

Con este tema aprenderemos a calcular el equipo climatizador necesario para un local determinado.

Se describen varios métodos, más o menos complejos, y se aportarán varias tablas y gráficos, con datos de condiciones interiores, exteriores, de paramentos tipo, etc.

También conoceremos valores usuales para distintos tipos de locales, para poder tener un apoyo.

La duración para la unidad didáctica es de 8 horas.

Cálculo de cargas térmicas:

Por cálculo de cargas se entiende el proceso de determinar la cantidad de calor que hay que extraer o aportar a un local de unas determinadas características, y situado en una zona determinada, para mantener su interior en unas condiciones de confort para las personas.

OBJETIVOS

El alumno al finalizar está unidad didáctica será capaz de calcular las necesidades de climatización de un local en sus componentes de refrigeración, calefacción, ventilación y condiciones de humedad que aseguren el estado de confort.

1. CONCEPTO DE CARGA TÉRMICA

Si un local no dispone de climatización, su temperatura se adaptará a la del ambiente, si hace frío estará helado, y cuando haga calor será caluroso.

En la mayoría de los casos estará más caliente que el ambiente, debido la radiación solar sobre techo, paredes y ventanas, o por el calor desprendido por sus ocupantes e instalaciones interiores.

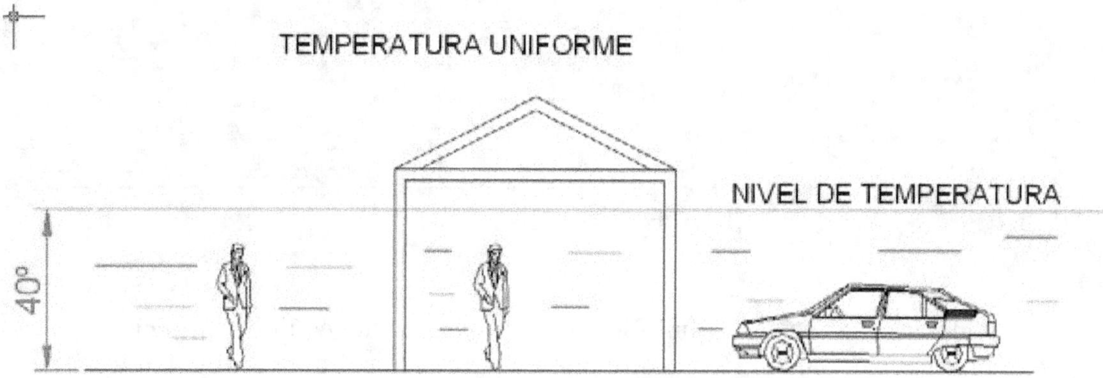

En el momento que queremos que su temperatura se mantenga en un valor distinto al del exterior, y a voluntad de sus ocupantes, hay que sacar o meter calorías del local al exterior.

Recordemos que el calor fluye del cuerpo más caliente al más frío, y por ello, al crear una diferencia de temperatura entre el local y el exterior, se inicia una transferencia de calor por las paredes, suelos, ventanas, y aire de ventilación, que tiende de nuevo a igualar su temperatura con el exterior.

En verano para enfriar el local con un climatizador, hay que extraer calorías, y la transmisión de calor por las paredes es hacia el interior.

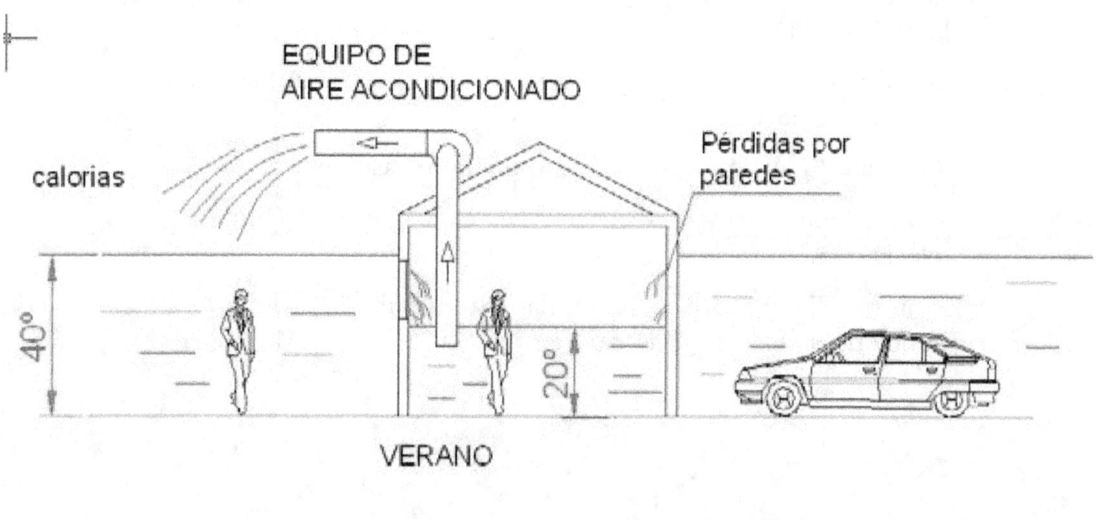

En invierno hay que introducir calorías, y las pérdidas de calor son hacia el exterior.

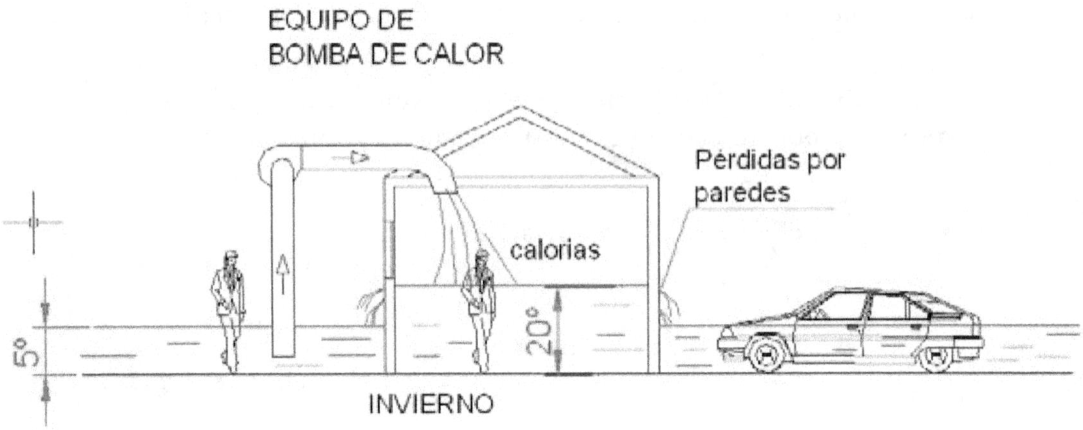

Al final se alcanza un equilibrio entre la potencia del equipo acondicionador, y las transmisiones que por las paredes, techo, etc., tienden a restablecer la temperatura inicial.

En ambos casos las calorías que entran o salen del local las llamamos **"pérdidas de calor"**, y hay que calcularlas para determinar la potencia del aparato climatizador a instalar. El total de calor necesario a meter o sacar del local lo denominaremos **"demanda térmica"** del local.

Vemos que hay al menos tres datos necesarios:

- **Temperatura interior**, que dependen del uso del local.
- **Temperatura exterior**, que dependen de la zona en la que se ubique, si es más fría o calurosa.
- **Condiciones de las paredes y techos del local**, si está más o menos aislado térmicamente.

La bomba de calor

Hemos visto que para calentar un local hay que aportar calorías al mismo. Esto podemos hacerlo de varias formas:

- Quemando un combustible como madera, gasóleo, gas.
- Convirtiendo la corriente eléctrica en calor por efecto Joule (estufas eléctricas).
- Con un climatizador, también llamado bomba de calor porque su funcionamiento es mover calorías del exterior al interior y viceversa.

- Aprovechando la energía solar en instalaciones especiales (energías alternativas).

Descontando las energías alternativas por ser gratuitas y considerando que no en todas las ocasiones es posible usarlas, el proceso más eficiente es el de la bomba de calor, ya que no compramos las calorías que necesitamos, sino que sólo pagamos por moverlas.

Los equipos de aire acondicionado son **bombas de calor** que extraen calorías del interior del local, y las vierten en el ambiente exterior.

Quede claro pues que para enfriar un local hay que tener un sistema donde **verter** las calorías sobrantes, pues la energía ni se crea ni se destruye.

2. CONDICIONES INTERIORES DE CONFORT

Confort:

Se denomina condiciones de confort al ambiente en las que las personas tienen la sensación de bienestar.

Las condiciones de confort de las personas dependen de varios factores, pero principalmente de la temperatura, la humedad del aire, y la velocidad del aire.

Tenemos que comprender que las personas somos mamíferos con temperatura corporal constante en 36,5°C. Para mantener esta temperatura independientemente de la exterior, el cuerpo utiliza dos mecanismos:

- Para aumentar la temperatura quema grasas.
- Para hacer descender la temperatura evapora sudor.

El sudor en la piel se evapora facilitado por el movimiento del aire, y al pasar de líquido a vapor absorbe 540 kcal/kg, que enfrían la piel.

Por ello la velocidad del aire produce sensación de confort en verano, pero en invierno perjudica. En la gráfica siguiente podemos ver las condiciones que resultan confortables para las personas en verano e invierno.

En el eje horizontal tenemos la Humedad relativa, y en el eje vertical la temperatura.

Vemos que la temperatura adecuada es mayor en verano que en invierno, y ello es debido a que en verano solemos llevar menos ropa que en invierno.

Las condiciones de confort pueden variar también de

Gráfico de zona de confort

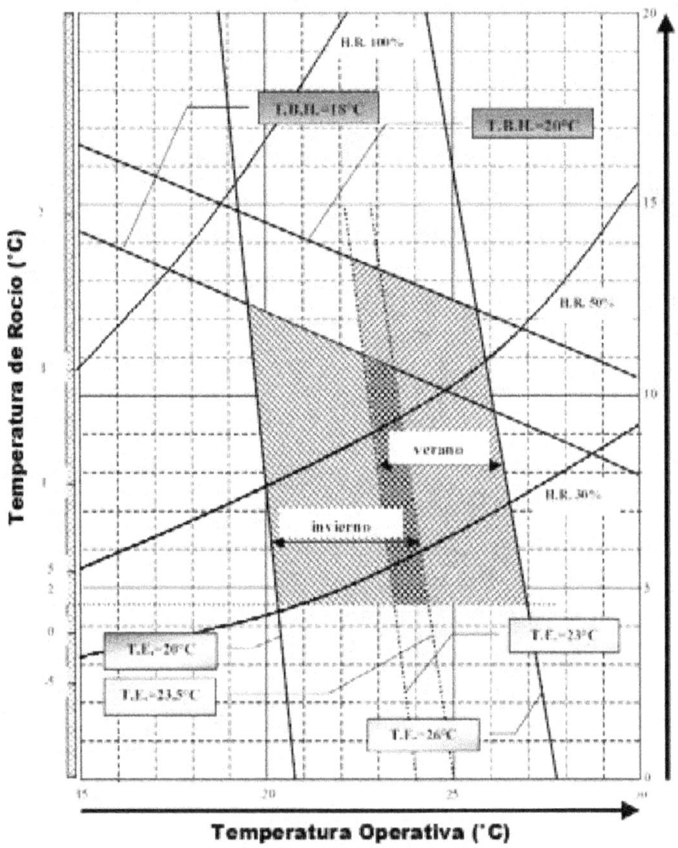

T.B.H. | Temperatura de Bulbo Húmedo
T.E. | Temperatura Efectiva
T.O. | Temperatura Operativa
T.R. | Temperatura de Rocio
H.R. | Humedad Relativa

acuerdo con el nivel de actividad física de los ocupantes, a mayor actividad, menor temperatura.

También observamos cómo la humedad aumenta la sensación de calor, y en invierno disminuye la sensación de frío. Pensemos que en el desierto se pueden soportar bien temperaturas de más de 40° C, debido a que el ambiente es muy seco.

2.1. Fijación de las condiciones interiores de confort, según RITE

Para proyectar una instalación, deberemos fijar unas condiciones interiores de temperatura y humedad, que nos vienen indicadas en varias normas, de acuerdo con el uso del local:

El RITE, en su instrucción 02.2.1 hace referencia a la norma UNE EN ISO 7730, y la resume en la tabla siguiente, que fija las condiciones de las zonas ocupadas:

Estación	Temperatura interior ° C	Velocidad media aire m/s	Humedad relativa %
Verano	23 a 25	0,18 a 0,24	40 a 60
Invierno	20 a 23	0,15 a 0,20	40 a 60

La zona ocupada donde se aplica es el volumen comprendido entre:

- 10 cm sobre el suelo a 2 m de alto.
- 1 m de ventanas o 0,50 m de paredes sin ventanas.

No son zonas ocupadas:

- Zonas de tránsito
- Zonas cercanas a puertas.
- Zonas cercanas a aparatos productores de calor o rejillas de impulsión.

2.2. Fijación de las condiciones interiores de confort, según Norma europea 1752

La Norma Europea 1752 (ver Anexo1) es una norma más reciente, y por tanto más restrictiva, que establece las condiciones interiores en edificios.

También nos indica unos valores de temperatura y humedad según las estancias, en verano e invierno, además de la velocidad máxima del aire, el caudal de aire de ventilación, y el ruido máximo.

Resumen y criterios para verano e invierno

De acuerdo con el RITE, estamos obligados a tomar unos valores máximos y mínimos de temperatura en los locales:

Verano:

- En los locales la temperatura de confort en verano puede oscilar entre 23 y 25° C, dependiendo del nivel de actividad en el interior.
- Para locales con personas sentadas, es suficiente 25° C. Si las personas están de pie y paseando, tomar 24° C. En locales con ejercicio físico, tomar 23° C.

No es recomendable situarse fuera de estos valores, pues temperaturas inferiores a 23° C provocan resfriados, y las superiores a 25, sudoración.

Invierno:

- La temperatura para la mayoría de actividades es de 20° C, y la de los espacios no ocupados y de servicio, 17° C.
- En hospitales, residencias y hoteles, 21° C.
- Zonas con gran confort, 22° C.

No conviene superar los 22° C, pues las personas tienden a abrir las ventanas por exceso de calor, y derrocharemos energía.

Locales de trabajo o industriales:

Las normas sobre condiciones de seguridad en centros de trabajo también obligan a que la temperatura en talleres e industrias esté dentro de unos márgenes:

- Temperatura de 17 a 27° C.
- Humedad relativa de 30 a 70%.

3. CONDICIONES EXTERIORES DE CÁLCULO

Hemos visto que las condiciones exteriores de temperatura y humedad relativa dependen de la situación de la instalación, y varían por tanto si estamos cerca de la costa, o en una zona de alta montaña. Además dentro de cada zona hay también variaciones locales por su orientación, viento dominante, etc.

3.1. Condiciones exteriores según UNE 100-014-84

Para fijar las condiciones exteriores de temperatura y humedad en proyectos de climatización, se utiliza la norma UNE 100-014-84, en las que se indican unas condiciones exteriores para cada provincia.

Además de la zona se incluye otro factor que es el **percentil**.

Percentil 97% quiere decir que esta temperatura es correcta para el 97% de los días del año, tomado de una estadística de 20 años anteriores. Es decir la temperatura media del día será mayor.

Invierno:

Estos valores se cumplen en el 97% de las horas de meses, de Diciembre a Febrero, para calefacciones.

Es decir se toma como temperatura exterior un valor que probablemente sólo se rebasará unos pocos días al año. En esos días la instalación resultará insuficiente, pero en el cálculo hay otros factores y coeficientes que pueden compensarlo.

En el caso de hospitales y residencias de ancianos, se deben de tomar los porcentajes del 99% de las horas en invierno (ver la tabla UNE 100-014-84 al final del tema).

Verano:

Para las condiciones de verano se utiliza la norma UNE 100-001-85 (ver Anexo 1), tomando la columna de percentiles de:

- 1% para hospitales, clínicas, etc.
- 2,5% para edificios y espacios de especial consideración.
- 5% para cualquier otro espacio climatizado.

El percentil 5% quiere decir que esa temperatura sólo se rebasará el 5% de los días de verano. Por lo tanto, el percentil 1% es más seguro que el 5%.

3.2. Condiciones interiores y exteriores recomendadas para cálculo

En la tabla de temperaturas recomendadas (Anexo 1), se ofrecen unas condiciones exteriores que son utilizadas ampliamente por los proyectistas de climatización, con valores superiores a los de la norma UNE, que podemos utilizar para una mayor seguridad.

4. REPASO DE PSICROMETRÍA DEL AIRE

4.1. El aire húmedo

El aire de la atmósfera contiene una cierta cantidad de humedad, proveniente de la evaporación del agua de los océanos, ríos, el vapor de agua exhalado por las personas, animales y plantas.

Al respirar, las personas exhalamos vapor de agua, y también por los poros de la piel al producir sudor.

Por ello, en los ambientes cerrados con personas en su interior, el contenido de vapor de agua en el aire va aumentando.

4.2. Humedad absoluta

El aire que respiramos contiene una cierta cantidad de vapor de agua que oscila de 0 a 26 gramos de vapor de agua por kg de aire (la densidad del aire se toma 1,2 Kg/m^3).

Local húmedo

Al contenido de vapor de agua que tiene un kg de aire lo llamamos **humedad absoluta**, y se expresa en kg de agua / kg de aire.

4.3. Humedad relativa

El valor de humedad absoluta no es fijo, sino que depende de la temperatura del aire.

A más temperatura de aire, más cantidad de agua admite.

Por ejemplo, el aire a 10° C puede contener un máximo de 7,5 gr. de agua, y el aire a 25° C un máximo de 18 gr.

Sin embargo, el aire normal ambiente no suele transportar el máximo de agua posible, sino que suele estar más seco.

Si un aire tiene la mitad del agua **que puede tener**, decimos que tiene una humedad relativa del 50%.

Si tiene el máximo de agua, decimos que tiene una humedad relativa del 100%, y que está **saturado**.

Se denomina humedad relativa al porcentaje de agua que tiene el aire, respecto al máximo que puede tener a su temperatura.

$$H_r = 100 \times \frac{H_{REAL}}{H_{MAXIMA}}$$

Siendo

Hr =	Humedad relativa en %.
H_{REAL} =	Humedad absoluta que contiene el aire en kg agua/kg aire seco
H_{MAXIMA} =	Humedad máxima que puede contener kg agua/kg aire seco.

4.4. Cambio de la humedad relativa al cambiar la temperatura

Si tenemos aire a 10° C, con 7,5 gr/kg se encuentra saturado (humedad relativa 100%).

Pero si lo calentamos a 32° C, entonces deja de estar saturado, pues a esta temperatura puede contener 26 gr/kg, y como sigue teniendo los 7,5 gr de agua que tenía, su humedad relativa será de:

Hr = 100 x 7,5/26 = 28,8 %.

Es decir un aire húmedo (Hr=100%), al calentarlo lo hemos convertido en aire muy seco (Hr=28,8%).

Los secadores de pelo que usamos en el baño funcionan con este principio, calientan el aire y al pasar por el pelo absorben con rapidez su humedad, secándolo.

Por el mismo principio, un aire caliente, al enfriarlo se vuelve húmedo, hasta el punto que no puede contener toda la humedad que tiene y empiezan a aparecer gotas de agua, que llamamos **condensación**.

Este es el fundamento de la lluvia, las nubes son masas de aire muy húmedo, que cuando se enfrían descargan el agua que le sobra en forma de lluvia o nieve.

Saturación de agua

4.5. Volumen específico del aire

El volumen específico es la relación entre el volumen de un cuerpo y su masa.

$$V_e = \frac{Volumen[m^3]}{Masa[Kg]}$$

El corcho tiene un volumen específico alto, el plomo tiene un volumen específico bajo.

En el caso del aire el volumen de un kg de aire cambia mucho dependiendo de su temperatura, pues el aire caliente se dilata y el frío se contrae.

El aire caliente, como tiene un menor peso por m^3, tiende a elevarse, y el aire frío tiende a bajar.

Para realizar los cálculos de humedad, etc., se utiliza el aire normalizado, que a 20° C tiene un volumen específico de 1,20 m^3/kg.

Para pasar un caudal de m^3/h a kg/h simplemente lo dividiremos por el volumen específico del aire, que es 1,2.

4.6. Entalpía del aire húmedo

La Entalpía es la energía total que tiene el aire, y se expresa en Julios o Calorías.

Como el aire está húmedo, la energía total será la suma de la energía del aire más la energía del agua (vapor).

$$H_{aH} = Q_{SA} + (Q_{SV} + Q_{LV})$$

Siendo:

Q_{SA} = Calor sensible del aire seco.

Q_{SV} = Calor sensible del vapor de agua.

Q_{LV} = Calor latente del vapor de agua.

La energía del aire se denomina sensible, y sabemos que se calcula con:

$$Q_{SA} = m \times C_e \times (T_1 - T_2)$$

Tomando:

m= masa de aire seco en Kg.

T_1 = Temperatura de referencia = 0° C.

T_2 = Temperatura del aire.

C_e = Calor especifico del aire = 1 kJ/kg °C = 0,239 Kcal/Kg °C.

La energía del vapor de agua será la suma del calor latente y del calor sensible.

$$Q_{SV} = m \times C_e \times (T_1 - T_2)$$

Donde:

m= masa de vapor de agua en Kg.

T_1 = Temperatura de referencia	= 0° C
T_2 = Temperatura del vapor de agua	= Temperatura del aire.
C_e = Calor especifico del vapor de agua	= 1, 805 kJ/kg °C =
	= 0,431 Kcal/Kg ° C.

$$Q_{LV} = m \times C_L$$

m= masa de vapor de agua en Kg.

CL = Calor latente del agua = 2260 kJ/kg °C = 540 Kcal/Kg °C.

Recordemos que cuanto más caliente está un aire, más entalpía tiene, y cuanta más humedad relativa, más entalpía también.

4.7. Concepto de calor latente y calor sensible

Si calentamos o enfriamos aire húmedo, y se produce condensación de su humedad, o inyectamos agua al aire (lo humedecemos), el calor necesario para el proceso lo dividimos en **calor sensible y calor latente**:

- Calor sensible es el necesario para levar la temperatura del aire.
- Calor latente es el necesario para evaporar el agua (hay que aportar calor), o condensar el agua (hay que quitar calor).

En Climatización tenemos que tener claro que la potencia frigorífica de una máquina de aire acondicionado se reparte entre enfriar el aire (calor sensible), y quitarle humedad (calor latente).

En los equipos pequeños esta proporción se establece al diseñarlo, para unas condiciones medias; pero en grandes climatizadores, hay que valorar las condiciones ambientales exteriores e interiores, y ajustar el equipo para obtener el aire interior con el máximo de confort, y el mínimo de gasto.

El porcentaje de calor latente / sensible que proporciona un equipo se puede ajustar con el tamaño de la batería enfriadora, y con el caudal de aire del ventilador.

En el estudio de las unidades de tratamiento de aire UTA estudiaremos con mayor precisión su ajuste para obtener las condiciones interiores de confort requeridas.

En los equipos que tienen varias velocidades de ventilador (Alta-Media-Baja) resulta que con las velocidades bajas la batería se enfría más, y aumenta la condensación de agua. La potencia del equipo se desperdicia en calor latente.

5. EL ÁBACO PSICROMÉTRICO

El ábaco psicrométrico es un diagrama que muestras las condiciones del aire para temperaturas normales de aire acondicionado y calefacción.

En la parte horizontal la escala representa la temperatura seca en °C, es decir la temperatura que muestra un termómetro normal de ambiente.

Temperatura seca

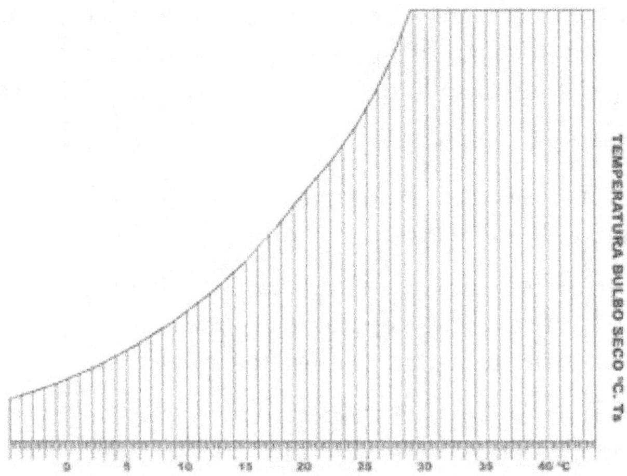

En las abscisas se indica el contenido de humedad específica en gr/kg.

Humedad absoluta

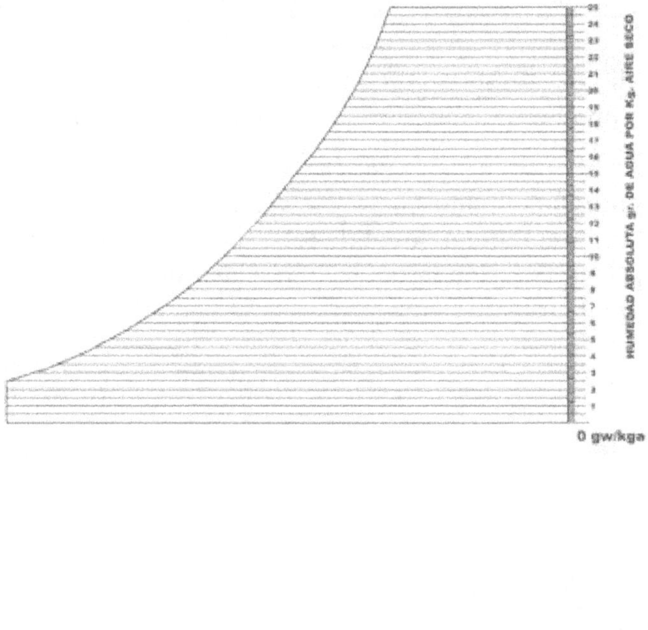

La curva de izquierda a derecha representan la humedad relativa en %, siendo la última más exterior la saturación o 100%.

Humedad relativa

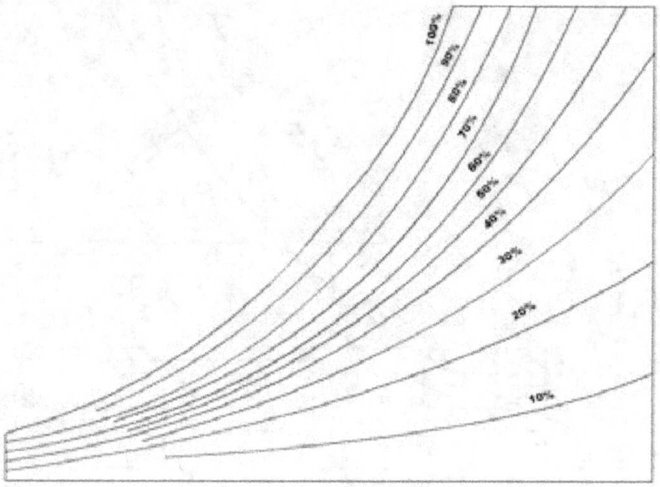

HUMEDAD RELATIVA

5.1. Encontrar la humedad absoluta para unas condiciones dadas

Si conocemos la temperatura del aire, y su humedad relativa en %, utilizando el ábaco psicrométrico de la forma siguiente hallaremos el contenido total de agua por kg de aire:

Por ejemplo: aire a 25° C y 60% de humedad.

- Situarse en el eje horizontal en la temperatura de 25° C.
- Subir hasta tocar la curva de humedad 60%.
- Horizontalmente a la derecha leeremos su humedad absoluta en gr/kg resultando de 13,7 gr/kg.

Selección humedad absoluta

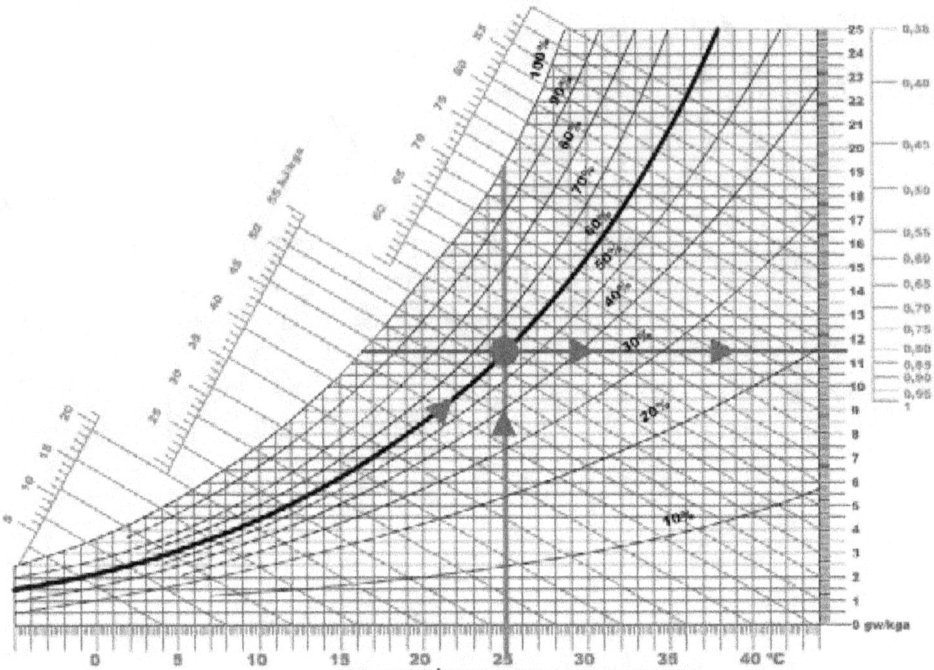

SELECCIÓN HUMEDAD ABSOLUTA

5.2. Temperatura húmeda

La humedad relativa la podemos hallar exactamente mediante dos termómetros, uno normal, que llamaremos de **bulbo seco**, y otro con el bulbo envuelto en un paño mojado, que llamaremos de **bulbo húmedo**. Sus lecturas se denominan Ts (temperatura seca) y Th (temperatura húmeda).

Al provocar una corriente de aire, el termómetro con el bulbo húmedo muestra una temperatura inferior que la que tiene del bulbo seco, ya que el agua al evaporarse precisa calorías, y hace que descienda la temperatura.

Temperatura húmeda

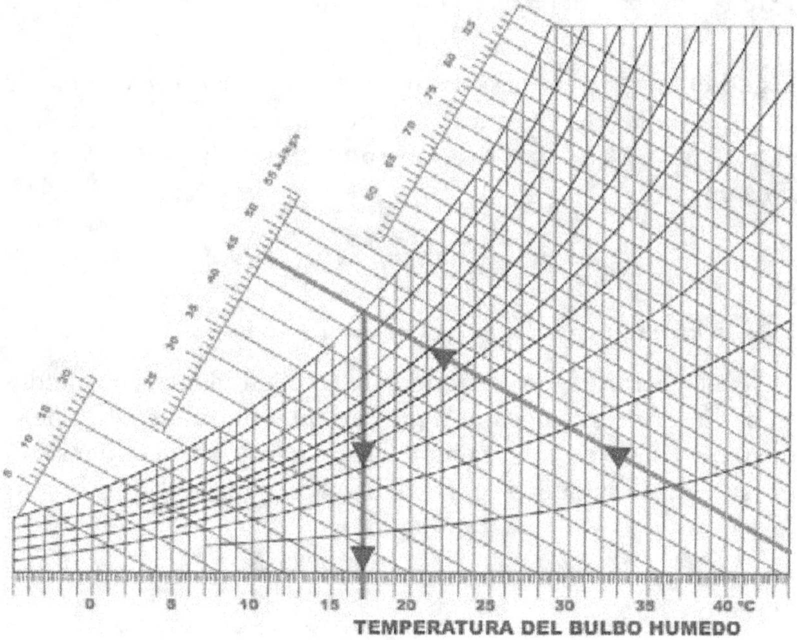

En el ábaco psicrométrico las temperaturas de bulbo húmedo son líneas inclinadas hacia la izquierda, y que se leen en la curva de humedad 100% o saturación.

Es decir con humedad 100% coincide la temperatura seca y húmeda.

Selección de la temperatura húmeda, Th.

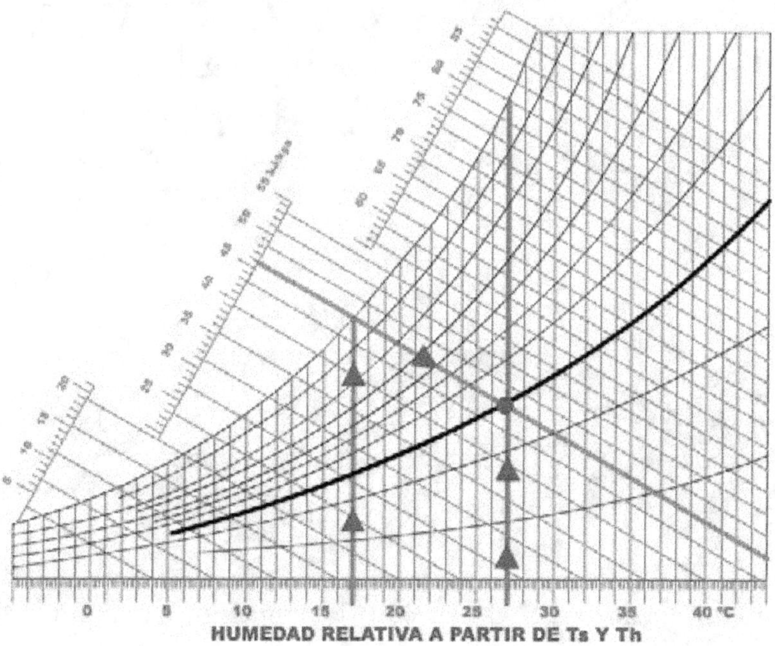

Conociendo la Ts y la Th, la intersección entre ambas nos da la humedad relativa en %, y hacia la derecha leeremos la humedad absoluta en gr/kg.

Este ha sido el método preciso de medir la humedad relativa en aire acondicionado. Modernamente existen aparatos denominados **higrómetros**, que nos indican directamente la humedad relativa en % y la absoluta en gr/kg.

Cambiar imagen para que coincida TH y TS.

5.3. Punto de rocío

El rocío es la lluvia finísima que aparece durante las noches sin viento.

Durante la noche el aire se va enfriando, descendiendo, y estratificándose en las capas inferiores, y llega al punto en que no puede contener el agua que tenía cuando estaba caliente, apareciendo una condensación que va depositando pequeñas gotas de agua por los árboles y objetos.

Decimos que el punto de rocío es aquel en el que el aire se enfría hasta estar saturado.

En el ábaco psicrométrico, para unas condiciones de temperatura y humedad, el punto de rocío lo encontramos en la línea horizontal hacia la izquierda, hasta llegar a la curva de saturación, es decir su temperatura húmeda.

Selección de la temperatura de rocío, Tr.

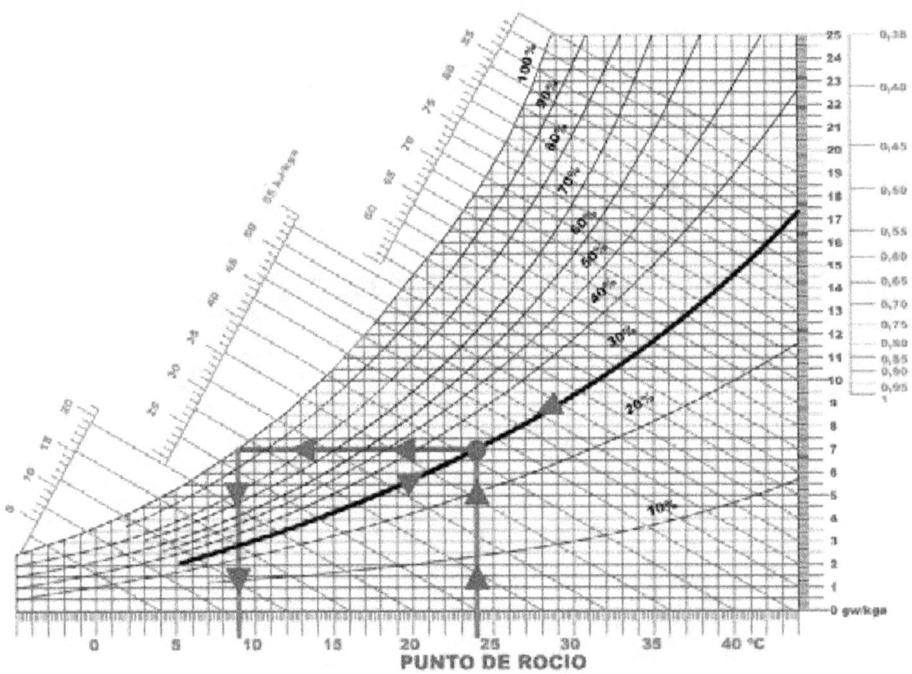

Por ejemplo, para aire a 25° C y Hr 60%, la temperatura del punto de rocío es de 16,8 ° C.

6. PROCESOS DE CAMBIO DE AIRE

Con el ábaco psicrométrico podemos estudiar las transformaciones del aire mas frecuentes, sin necesidad de fórmulas, trazando líneas desde un estado a otro.

6.1. Enfriamiento en una batería de un climatizador

Es el proceso que ocurre con el aire al pasar por un aparato de aire acondicionado en modo frío.

El aire que viene del local con una temperatura alta, y humedad media, se enfría al contacto con las aletas de la batería, y llega hasta el punto de rocío (línea horizontal hacia la izquierda). Una vez allí, sigue enfriándose y perdiendo humedad, descendiendo por la curva de saturación (Hr 100%), hasta un valor de temperatura de salida del serpentín, con humedad 100%.

Proceso de enfriamiento del aire

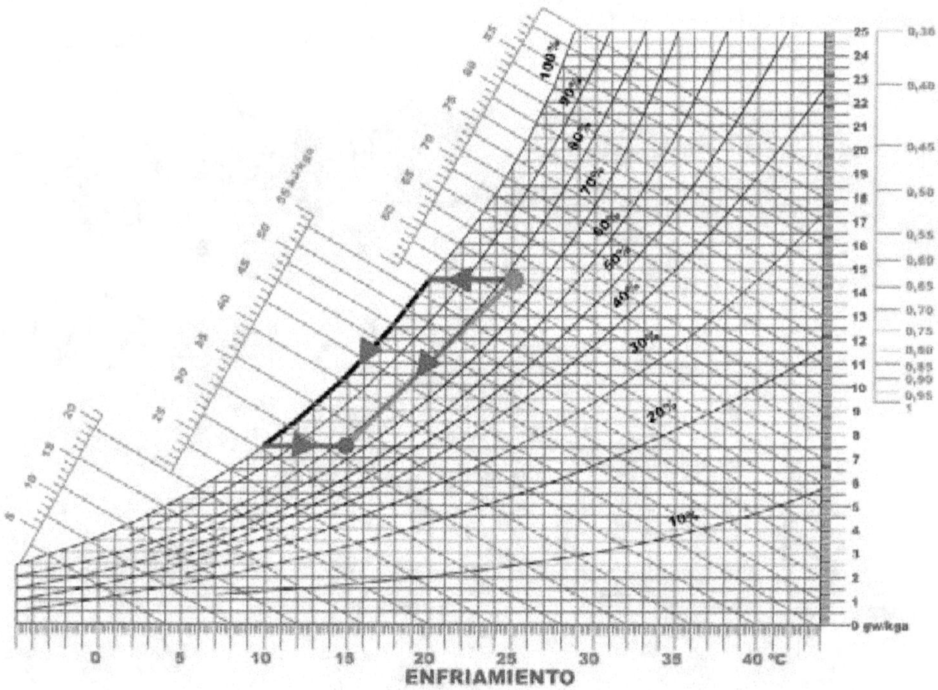

La humedad sobrante cae de la batería a una bandeja de recogida, y la llamamos agua de condensación o **condensados**.

Una parte del calor absorbido por la batería ha sido usado para enfriar el aire, y lo llamaremos **"calor sensible"** (que se nota o siente), y otra parte se ha usado en condensar la humedad sobrante, y lo llamaremos **"calor latente"**.

El calor latente es importante cuando hay muchas personas en el local (salas de reunión), o hay fuentes de humedad (piscinas climatizadas). Las personas al respirar desprenden vapor de agua, y también por transpiración (sudor), tanto más cuanto mayor sea su actividad física.

6.2. Calentamiento en una batería de calor

El aire, con unas condiciones de temperatura y humedad, se calienta al contacto con la batería. En el ábaco psicrométrico nos desplazamos horizontalmente hasta la temperatura de salida. La humedad final será la indicada por la curva de Hr interseccionada entre la línea horizontal y la temperatura de salida. La Hr del aire final suele quedar muy baja (aire seco muy seco).

Proceso de calentamiento del aire

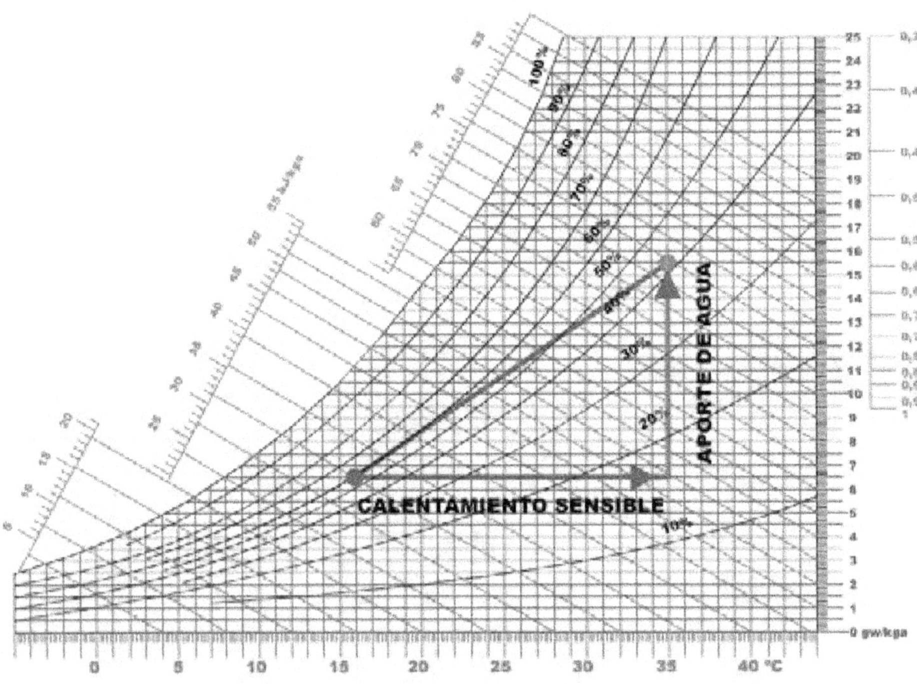

Esto es lo que ocurre en las calefacciones normales con radiadores, que calientan el aire, pero queda seco y produce una sensación de sequedad en la garganta.

Para que el aire quede con unas condiciones adecuadas es necesario aportar agua mediante inyectores de agua a presión, o un vaporizador, que es lo que se realiza en las buenas instalaciones de tratamiento de aire.

Este aporte de agua precisa de un calor para vaporizarse, que recordemos que llamamos **calor latente** y que es:

C_L = Calor latente del agua = 2260 kJ/kg °C = 540 Kcal/Kg °C.

6.3. Mezcla de aires

Si mezclamos dos volúmenes de aire con unas condiciones de de temperatura y humedad, dará como resultado en la mezcla unas condiciones que podemos hallar fácilmente con el diagrama psicrométrico:

- Representamos el aire 1 con un punto definido por su temperatura T_1 y humedad relativa Hr_1.
- Representamos el aire 2 con un punto definido por su temperatura T_2 y humedad relativa Hr_2.
- El aire de mezcla está en la recta que une ambos puntos.
- Si los volúmenes (o caudales) son iguales, las condiciones se situarán el punto medio de la recta anterior. Si los caudales son distintos el punto estará proporcionado los caudales de cada aire, quedando más cerca del punto de caudal mayor.

Proceso de mezcla de dos corrientes de aire

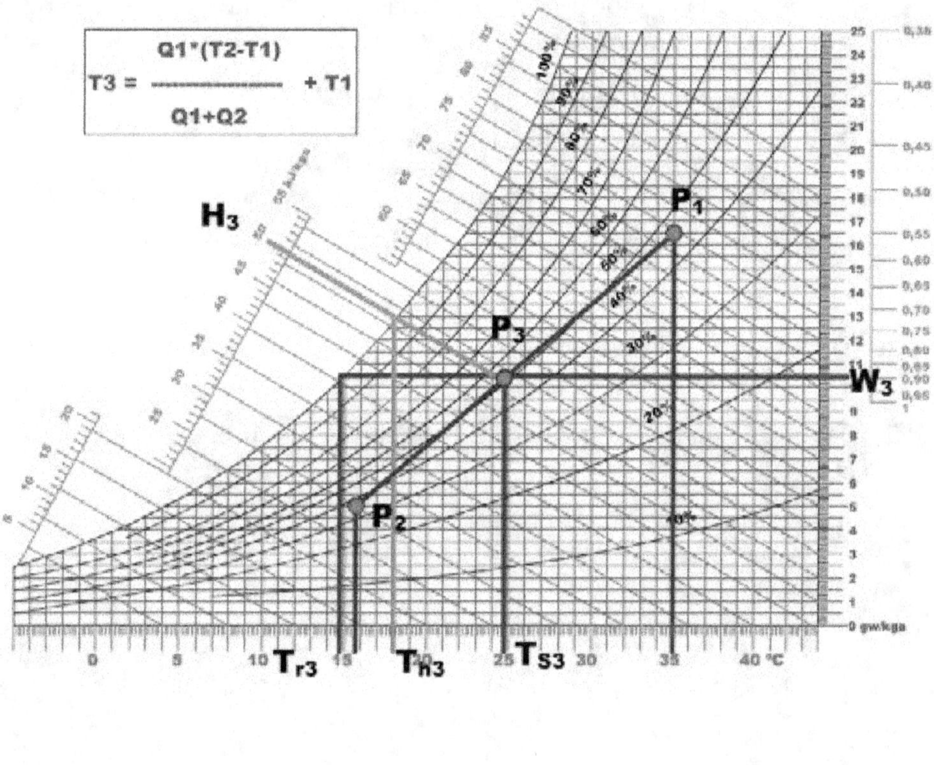

7. DATOS DE PARTIDA PARA UN ESTUDIO DE CARGAS DE CLIMATIZACIÓN

Cuando a un instalador le encargan la climatización de un local, una de las cosas que precisa realizar es el cálculo de la carga térmica del mismo, es decir de la potencia térmica que precisa para mantener las condiciones de confort. Una vez calculada la carga térmica, podremos elegir el equipo climatizador adecuado para el local.

Para poder realizar un cálculo adecuado del equipo climatizador a instalar en un local, es preciso obtener el máximo de los datos siguientes:

7.1. Localización

La carga térmica depende de la situación del local. No es lo mismo la carga de verano de un local en Sevilla que en Bilbao.

Cada provincia vimos que tenía unas temperaturas exteriores de cálculo diferentes.

Por otra parte, dentro de una misma provincia o localidad hay zonas más y menos calurosas, expuestas al sol, al viento, etc.

7.2. Características del local

Del local debemos tomar los datos siguientes:

1. Plano a escala del local, o al menos las dimensiones principales de largo, ancho y alto. Orientación del norte.
2. Situación y dimensiones de ventanas y puertas.
3. Características constructivas de:
   - Paredes exteriores e interiores.
   - Suelo y techo. Si hay cubierta de teja, terraza, otro espacio, etc.
   - Ocupación de los espacios contiguos.
4. Tipo de ventanas, cristal simple o doble, persianas o toldos, si entra o no el sol.
5. Potencia eléctrica de los aparatos, iluminación, motores, cafeteras, etc.

Croquis del local

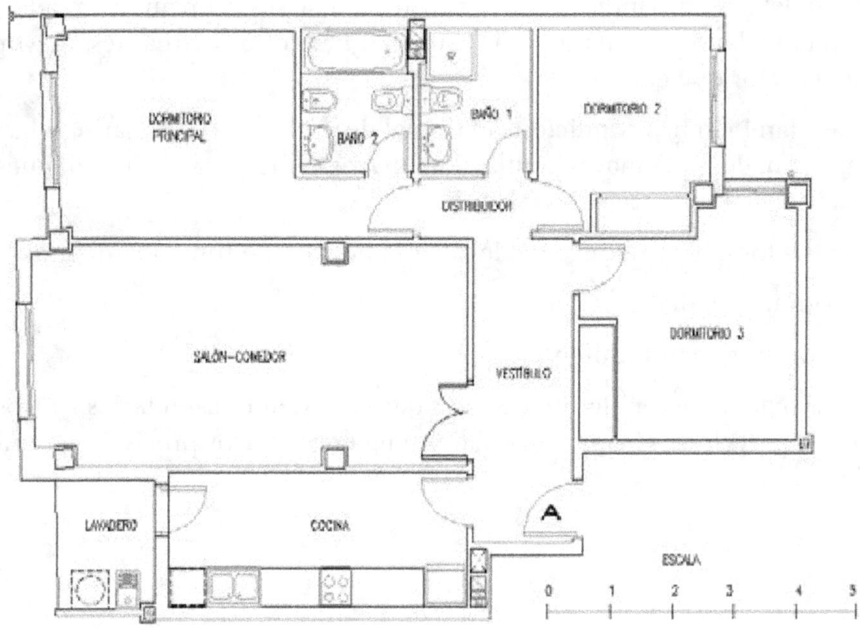

7.3. Ocupación

La ocupación es la cantidad de personas que puede haber como máximo en el local.

Hay que tener cuidado con este dato, dado que cada persona es como un pequeña estufa, que genera calor al local (sobre 130 W).

Por ejemplo, si en el local caben 200 personas, nos generan una demanda de 200 x 130 = 26.000 W.

En los locales públicos no hay que confiar en el dato de ocupación que nos suministre el cliente, sino que debemos de evaluar su capacidad en condiciones máximas (celebraciones, partidos, etc.). Si no se conoce, obtenerlo por la tabla de densidad de ocupación por m^2 de local.

- Tiendas exposiciones, con poca gente: 1 persona cada 10 m^2.
- Tiendas con mucho público: 1 persona cada 10 m^2.
- Restaurantes: 1 persona cada 1,5 m^2.
- Bares y discotecas: 1 persona cada 1 m^2.
- Cines y salones: contar las butacas y añadir un 10% más.

7.4. Uso

El uso del local nos indica el nivel de actividad de sus ocupantes: sentados, de pie, bailando..., cuanto más actividad hagan los ocupantes, mayor será el calor que generen.

El uso también nos condiciona el caudal de ventilación necesario, si hay o no fumadores. A mayor ventilación, mayor carga para el equipo, pues estaremos tirando frigorías a la calle.

Otro factor que se deduce del local es el horario de funcionamiento

- Durante el día, o noche.
- Continuo o intermitente.

En caso de no tener alguno de estos datos, podemos asimilarlos a otros locales parecidos. Cuantos más datos tengamos, mayor precisión tendrá el cálculo.

8. MÉTODOS DE CÁLCULO DE LA DEMANDA TÉRMICA: PRECISIÓN NECESARIA

El proceso de cálculo de la carga térmica de un local puede hacerse de forma más o menos precisa, generalmente según la importancia de la instalación, o el compromiso de funcionamiento requerido.

Cálculo por	Precisión	Usar para
Carga por m^2 de local	Baja	Habitaciones de viviendas, pequeñas tiendas, oficina, hasta 100 m^2.
Hoja de carga simple sin condiciones exteriores	Media	Comercios y locales públicos hasta 300 m^2, en la zona habitual de trabajo.
Hoja de carga completa con calor sensible y latente.	Alta	Locales públicos de cualquier tamaño, locales con características especiales, cristaleras, focos de calor, etc.
Mediante simulación completa por computador	Muy Alta	Grandes locales y salones de representación. Edificios emblemáticos.

9. CÁLCULO SIMPLIFICADO, POR SUPERFICIE Y USO DEL LOCAL

Para elegir un climatizador en un salón de 25 m^2 de un edificio de viviendas no hace falta ningún cálculo, se adopta un aparato de 3.500 W, que es el modelo fabricado normalmente para esta demanda. Así mismo para un dormitorio de una vivienda es suficiente con 1.500 o 2.000 W, casi independiente de su tamaño.

En la práctica habitual es frecuente tomar datos de carga térmica de locales tipo, en los que aparece la potencia normal en W/m^2. Es decir la carga térmica que necesita cada m^2 de superficie.

Para obtener la demanda total de un local, simplemente multiplicaremos la superficie del local en m^2 por el factor de la tabla en Watios/m^2 para dicha actividad o similar:

$$Q = S \times k$$

Siendo

Q = Carga térmica en W.

S = Superficie del local en m^2.

k = Coeficiente en W/m^2 de la tabla siguiente:

Edificio o dependencia	Watios/m^2
VIVIENDAS	
Nuevas bien aisladas	100
Parcialmente aisladas	115
Calurosas, áticos	125
HOTELES	
Salones y vestíbulos	140
Comedores	
Habitaciones	100
OFICINAS	
Grandes	115
Pequeñas	140

COMERCIOS	
Tiendas con poco público	120
Tienda muy concurridas	180
Supermercados	120
Hipermercados	160
SALONES PÚBLICOS	
Cines, teatros, auditorios	180
Salones multiusos	230
HOSTELERÍA	
Restaurante	230
Bares, cafeterías	290
Discotecas, Pubs musicales	300

Precauciones al utilizar la tabla:

Estos datos se refieren a locales tipo, pero no son correctos si nuestro local tiene alguna condición especial como:

- Acristalamientos de terraza.
- Puertas abiertas permanentes a la calle.
- Recibir radiación solar directa en su fachada o escaparate.
- Varios niveles comunicados por huecos abiertos, escaleras, etc.
- Iluminaciones muy elevadas.
- Altas corrientes de aire.

En todos estos casos procede pasar a un método de mayor precisión.

10. CÁLCULO DE LA DEMANDA TÉRMICA CON HOJA DE CARGA SIMPLE

Existen numerosas hojas de cálculo para calcular la carga térmica de un local como la que exponemos a continuación, en la que no se precisa conocer la temperatura exterior, y en todo caso, al final se multiplica el resultado por un coeficiente diferente para la costa o el interior.

Tampoco diferencia entre calor sensible y latente, por lo que sólo es adecuado para equipos pequeños y medianos.

Hoja de cargas térmicas simple

1) Insolación de ventanas fachada principal

	Sin protección.		Persiana interior		Persiana exterior.		TOTAL
	m2	Factor	m2	Factor	m2	Factor	Frg/h
Este		275		165		85	
Sureste		250		150		75	
Sur		187		110		65	
Sur		339		200		100	
Oeste		444		265		135	
Moroeste		344		200		100	
Norte		125		75		50	
Noreste		200		120		75	

2) Transmisión sobre resto de ventanas

	m2	Factor	Frg/h
Resto de ventanas sin protección		45	
Resto de ventanas con protección		23	

3) Paredes

	m2	Factor	Frg/h
Exteriores		12	
Interiores		8	

4) Techos

	m2	Factor	Frg/h
a) Uralita chapa u claraboya		200	
b) Exteriores sin aislar		40	
c) Exterior aislado		20	
d) Exterior con cámara de aire		15	
e) Interior (edificación ancima)		7	

5) Suelos

	m2	Factor	Frg/h
Suelo edificado		6	
No edificados		3	

6) Aportación calor sensible

	Watios	Factor	Frg/h
a) Electrodomésticos, luces		0,86	
b) Motores		0,06	

7) Ocupación

	Nº persona	Factor	Frg/h
a) Viviendas y Oficinas		113	
b) Restaurantes y Bares		138	
c) Discotecas		214	

8) Ventilación

	m3 Local	Factor	Frg/h
a) Viviendas y habitaciones		4	
	Nº persona	**Factor**	
b) Rtes, bares		160	
c) Locales públicos		120	

SUMA TOTAL Frg/h	
MAYOR/MINOR +-%	
SUMA TOTAL Frg/h	

Explicación de la Hoja de cargas SIMPLE

10.1. Insolación en la ventana más expuesta

Representa la cantidad de calor que entra en el local por la insolación de las ventanas, y depende de su orientación y si dispone de persianas o toldos. Multiplicamos la superficie de la **ventana mayor y más al sur**, por el factor

Protección: si tienen contraventanas, persianas o toldos que eviten el sol.

10.2. Transmisión por paramentos

Resto de ventanas: es el calor que atraviesa el vidrio por transmisión. Como no depende de la orientación sumaremos el total de m^2 de ventanas (descontada la ventana del punto anterior).

Paredes: sumar el total de m^2 de paredes que den al exterior, y al interior (u otro local). Para ello sumar la longitud total de paredes por el alto del local.

Techos y suelos: sumar la superficie total del local, y anotarlo en la casilla de acuerdo con el uso de los locales contiguos.

10.3. Aparatos

Sumar el total de Watios de los equipos eléctricos existentes, luces, motores, etc., que puedan generar calor en el interior.

10.4. Ocupantes

Anotar el número de personas calculadas en el local en las condiciones máximas.

10.5. Ventilación

En el caso de viviendas, calcular el volumen en m^3 del local (superficie del suelo por la altura). En el caso de locales, escribir los ocupantes calculados anteriormente.

10.6. Coeficientes de seguridad

Minoraciones o mayoraciones: es un coeficiente que multiplicado por el total de Watios resultantes del cálculo, aumenta o disminuye el resultado final. Es un factor de seguridad adicional que adoptamos en:

- Local zona o edificios muy calurosos: Factor 1,2.
- Locales con muchas variaciones de ocupación: 1,2.
- Necesidad de gran confort: 1,3.
- Utilización por la tarde: 0,8 o noche: 0,7.

11. CÁLCULO CON HOJA DE CARGA COMPLETA

La diferencia con la hoja de cargas simples es que distingue entre calor sensible y calor latente.

En el apartado de psicometría aprendimos que el calor sensible es el necesario para enfriar el aire, y el calor latente en necesario para cambiar las condiciones de humedad relativa del aire. La relación entre ambos factores tiene consecuencias para elegir la batería enfriadora o climatizador adecuado.

También tendremos que introducir los coeficientes de transmisión de paredes, ventanas y techos, tomándolos de las hojas de datos del final del tema.

Es necesario fijar las condiciones exteriores del lugar donde se ubique la instalación.

Hoja de cargas térmicas completa

CÁLCULO DE LA CARGA COMPLETA DE REFRIGERACIÓN			
CLIENTE		REF.	
DIRECCIÓN		FECHA	
ESTANCIA			

CONDICIONES INTERIORES Y EXTERIORES					
Temperatura interior Ti					
Humedad relativa interior Hri%				Humedad W gr/kg =	
Temperatura exterior Te					
Humedad relativa exterior Hre%				Humedad W gr/kg =	
Salto térmico (ext-int)			ºC		
Dif. Humedades gr/kg			gr agua/kg aire		
Superficie local m2		Alto m =		Volumen m3=	

DATOS DE LA VENTILACIÓN		Renovación de aire		
Nº de personas				
Ventilación l/s persona				
Total ventilación		L/s x 3,6 =		m3/h

CALOR SENSIBLE					
Transmisión 1		Sup m2	Coef. K	Dif Temp.	Kcal/h
Paredes	Exteriores				
	Interiores				
Ventanas	Todas				
	Techo				
	Suelo				
	Total transmisión				

Radiación 2		M2	Factor	F. Reduc.	Kcal	
Ventanas	Este		111	1		Factor:
	Sureste		97	1		Persiana=0,8
	Sur		97	1		Toldo=0,5
	SurOest		97	1		
	Oeste		100	1		
	Total Radiación					

Calor interno		Unidades	Factor	Kcal/h	
3	Aparatos Watios		0,86		
4	Ocupantes		63		63 a 100
5	Sensible aire ext m3/h				(m3/hx0,29xAtx0,7)
	Total calor interno				
	TOTAL CALOR SENSIBLE Kcal/h 1+2+3+4+5				

CALOR LATENTE:		Unidades	Factor	Kcal/h	
6	Aparatos				
7	Ocupantes		47		47 a 50
8	Aire exterior m3/h				(m3x0,7x(W1-W2)x0,7)

TOTAL CALOR LATENTE Kcal/h 6+7+8	
MAYORACIÓN/MINORACIÓN %	
CARGA TOTAL DE REFRIGERACIÓN (sensible+latente) Kcal/h	

Instrucciones hoja de carga completa

11.1. Condiciones exteriores e interiores

Las condiciones representativas del local a conocer son:

- **Superficie del local en m²**.
- **Uso**
- **Ocupantes**: número de personas, ver punto 7.3 de esta UD.
- **Ventilación**: caudal de aire de ventilación. Ver Norma UNE 100014 en UD.2. Multiplicar las personas por el caudal en L/s y por 3,6 para pasar a m^3/h.
- **Temperatura exterior**: ver UNE 1000-001-85 en Anexo 1.
- **Corrección Temperatura exterior**: grados a aumentar o bajar, por la situación concreta del local (lugar caluroso o fresco).
- **Temperatura interior**: ver Norma Europea en Anexo 1.
- **Humedad relativa exterior**: ver UNE1000-001-85 en Anexo 1.
- **Humedad relativa interior**: ver Norma Europea en Anexo 1.
- **Humedad absoluta Aire exterior**: hallar con psicrométrico con T_{ext} y $Hr._{ext}$.
- **Humedad absoluta Aire interior**: hallar con psicrométrico con T_{int} y $Hr._{int}$.

11.2. Ganancias sensibles por radiación

Para calcular la radiación solar que pasa a través de las ventanas y claraboyas, usaremos la fórmula siguiente:

$$Q_{SR} = R \times S \times f$$

Siendo:

R = Valor unitario de radiación [w/m^2] (ver tabla siguiente).

S = Superficie de la ventana [m^2].

f = Factor corrector de atenuación por persiana, cortinas o toldos.

Radiación solar según la orientación								
Hora solar	**N**	**NE**	**E**	**SE**	**S**	**SO**	**O**	**NO**	**Horizontal**
10	50	98	400	466	217	50	50	50	722
11	54	57	183	356	284	72	54	54	794
12	54	54	59	202	309	202	59	54	816
13	54	54	54	72	284	356	183	57	794
14	50	50	50	50	217	466	400	98	722
15	48	44	44	44	133	511	568	249	593
16	44	37	37	37	57	492	647	407	433

Elemento en la ventana	Factor f
Persiana color claro	0,56
Persiana color gris	0,65
Persiana color oscuro	0,75
Toldo o lona exterior	0,25
Cortina interior blanca	0,41
Cortina interior gris	0,63
Cortina interior oscura	0,80
Persiana exterior madera	0,24

11.3. Sensible transmisión por paramentos

La transmisión de calor por los paramentos se calcula con la fórmula:

$$Q_{ST} = k \times S \times (T_{Ext} - T_{Int})$$

Siendo.

$(T_{ext} - T_{int})$ = Salto térmico exterior e interior del local [° C]l.

S= Superficie.[m²]

K = Coeficiente de transmisión térmica del cerramiento. [w/m².° C]

Si el local contiguo es interior (esté o no climatizado), como valor de $(T_{ext} - T_{int})$ tomaremos la mitad que si es exterior.

El coeficiente de transmisión de calor K depende del material con que esté construida la pared. Usaremos la tabla siguiente:

	Tipo	Coef. K
Paredes	Simple de ladrillo 9	3,5
	Bloque hormigón	2
	Ladrillo 12 + cámara + ladrillo 4	1,5
	Ladrillo 12 + cámara + ladrillo 7	1,4
	Ladrillo 12 + aislante 4 cm + ladrillo 4	0,7
Tabiques interiores	Tabique 4	3,5
	Tabique 7	3,1
	Pladur sin aislar	4,6
	Pladur aislado	1,4
Techos	Terraza con catalana	1,7
	Terraza asilada	1,3
	Cubierta de teja sin cámara	1,7
	Cubierta con teja y cámara aire	1,3
	Cubierta con teja aislada	1,4
	Techo chapa sin aislar	8,1
	Techo con chapa aislada	2,3
Suelos	Sobre terreno	1,1
	Forjado 15 bovedilla cerámica	1,4
	Forjado 20 bovedilla cerámica	1,3
	Forjado 20 bovedilla hormigón	1,3
Ventanas	Cristal sencillo 6 mm	6,5
	Cristal doble 6+6	3,4
	Cristal doble con cámara	3
Puertas	Madera ciega	3,5
	Madera y cristal	3,9
	Metálica opaca	5,8
	Metálica y cristal doble	4,6

11.4. Sensible aire exterior

El aire de ventilación ocasiona la carga sensible siguiente:

$$Q_{SA} = 0{,}34 \times V \times (T_{Ext} - T_{Int})$$

Siendo

Q = Potencia en Watios.

V = caudal en m^3/h.

$(T_{ext} - T_{int})$ = Salto térmico exterior e interior del local. [° C]

11.5. Calor sensible interno

Es el calor generado en el interior de local por aparatos, iluminación, etc. Multiplicar los Watios de los aparatos existentes en el local, luces, motores, ordenadores, y cualquier receptor eléctrico.

11.6. Sensible por ocupantes

La carga sensible que ocasionan las personas del local depende del nivel de actividad física, según la tabla siguiente:

Actividad	Sensible W	Latente W
Persona sentada trabajo intelectual	58	44
De pie, paseando (tiendas)	58	70
Comiendo	64	93
Baile moderado	70	174
Marcha rápida	87	204

Se calcula con la formula:

$$Q_{SO} = n \times Q_{sp}$$

Siendo:

n = Número de personas.

Q_{SP} = Calor sensible por persona [w/persona].

11.7. Resumen de calor sensible

Sumar el total de calor sensible de los puntos 11.2 a 11.6

11.2: Ganancias sensibles por Radiación.

11.3: Sensible Transmisión por paramentos.

11.4: Sensible aire exterior.

11.5: Calor sensible interno.

11.6: Sensible por Ocupantes.

Este es el total de calor necesario para enfriar el aire.

Aplicar el coeficiente de seguridad necesario.

- Local zona o edificios muy calurosos: Factor 1,2.
- Locales con muchas variaciones de ocupación: 1,2.
- Necesidad de gran confort: 1,3.
- Utilización por la tarde: 0,8 o noche: 0,7.

11.8. Latente aire exterior

El calor latente del aire exterior de ventilación lo obtenemos con la fórmula:

$$Q_{LA} = 0{,}83 \times V \times (W_{Ext} - W_{Int})$$

Siendo:

V = caudal aire ventilación en m^3/h (tomar de datos del local).

$(W_{Ext} - W_{Int})$ = diferencia de humedades absolutas en gr/kg (también de datos del local).

11.9. Latente por aparatos

Considerar los aparatos que desprendan vapor, como:

- Cafeteras: factor 40.
- Planchas: 100.
- Bandejas de alimentos: 50.

11.10. Latente ocupantes

Número de ocupantes por el factor latente por ocupante, que tomaremos de la tabla anterior (calor sensible ocupantes)

Se calcula con la fórmula:

$$Q_{LO} = n \times Q_{Lp}$$

Siendo:

n = Número de personas.

Q_{LP} = Calor latente por persona [w/persona]

11.11. Total latente

Sumar el total de latente 11.8 al 11.10.

11.8. Latente aire exterior.

11.9. Latente por aparatos.

11.10: Latente ocupantes.

Aplicar el coeficiente de seguridad necesario igual que en total sensible.

12. CÁLCULO DE LA CARGA DE CALEFACCIÓN

Para el cálculo de la carga térmica en invierno procederemos de forma similar al cálculo para verano, pero de forma más sencilla:

- Fijaremos la temperatura exterior de cálculo para la zona, de acuerdo con la tabla de la norma UNE 100-001-84, en la que tomaremos la columna del percentil 99% para hospitales y residencias, y del 07,5% para el resto.
- Fijaremos la temperatura interior según el tipo de local, preferentemente con la norma Europea.
- Calcularemos la transmisión a través de paredes, ventanas y suelos, con la diferencia de temperaturas interior–exterior. En caso de locales no climatizados, tomaremos la mitad de intervalo. En caso de suelo sobre terreno tomaremos una temperatura de 10° C.
- No se consideran cargas por radiación, ni por calor interno de ocupantes ni equipos.
- Calcular la carga por ventilación, igual que en verano.
- Coeficientes de mayoración o seguridad.

Hoja de carga de calefacción

CARGA DE CALEFACCIÓN

Temperatura exterior		ºC	Diferencia T		ºC
Temperatura interior		ºC			

Transmisión		**Sup m2**	**Coef. K**	**Dif Temp.**	**Kcal/h**
Paredes	Exteriores				
	Exteriores				
	Exteriores				
	Interiores				
			Total Paredes		

Transmisión		**Sup m2**	**Coef. K**	**Dif Temp.**	**Kcal/h**
Ventanas	Todas				
	Techo				
	Suelo				
			Total Ventanas		

Aire exterior m3/h

Ocupantes	l/s por ocupante	Factor 1	Factor 2	Factor 3	Salto termico	Kcal/h.
		3,6	0,29	0,3		

Calor latente de humidificación (si la hay)

Ocupantes	l/s por ocupante	Factor 1	Factor 2	Factor 3	Wext-Wint.[gr/Kg]	Kcal/h.
		3,6	0,7	0,3		

TOTAL CARGA		Kcal/h
Mayoración por Intermitencia		
Otras mayoraciones		
CARGA TOTAL INVIERNO		Kcal/h

13. CÁLCULO POR PROGRAMAS INFORMÁTICOS

Existen en el mercado numerosos programas de cálculo de cargas mediante ordenador, siendo su principal ventaja la comodidad y alta precisión en los cálculos.

Sin embargo estos programas requieren una introducción exhaustiva de datos de cada paramento, abertura, ocupantes, horarios, etc., y por ello sólo los usaremos en caso de locales muy grandes o complejos.

El programa suele realizar una simulación de la carga térmica a lo largo de las horas del día, teniendo en cuenta las simultaneidades de cargas, insolaciones, inercias térmicas de paredes, etc., siendo por tanto más preciso cuantos más correctos sean los datos aportados.

RESUMEN

Por **cálculo de cargas** se entiende el proceso de determinar la cantidad de calor que hay que extraer o aportar a un local de unas determinadas características, y situado en una zona determinada, para mantener su interior en unas condiciones de confort para las personas.

En verano para enfriar el local con un climatizador, hay que **extraer calorías**, y la transmisión de calor por las paredes es hacia el interior.

En invierno hay que **introducir calorías**, y las pérdidas de calor son hacia el exterior.

Se denomina condiciones de confort al ambiente en las que las personas tienen la sensación de bienestar.

Las condiciones interiores se fijan con por el RITE según la norma UNE en ISO 7730.

Para fijar las condiciones exteriores de temperatura y humedad en proyectos de climatización, se utiliza la norma UNE 100-014-84, en las que se indican unas condiciones exteriores para cada provincia, con un percentil de más o menos seguridad.

Al contenido de vapor de agua que tiene un kg de aire lo llamamos **humedad absoluta**, y se expresa en kg de agua / kg de aire.

Si un aire tiene la mitad del agua que puede tener, decimos que tiene una humedad relativa del 50%. Se denomina **humedad relativa** al porcentaje de agua que tiene el aire, respecto al máximo que puede tener a su temperatura.

La **Entalpía es la energía total que tiene el aire**, y se expresa en Julios o Calorías. Recordemos que cuanto más caliente está un aire, más entalpía tiene, y cuanta más humedad relativa, más entalpía también.

Calor sensible es el necesario para elevar la temperatura del aire. **Calor latente** es el necesario para evaporar o agua (hay que aportar calor), o condensar el agua (hay que quitar calor).

El **ábaco psicrométrico** es un diagrama que muestras las condiciones del aire para temperaturas normales de aire acondicionado y calefacción.

Decimos que el **punto de rocío** es aquel en el que el aire se enfría hasta estar saturado.

Cuando a un instalador le encargan la climatización de un local, precisa realizar el cálculo de la carga térmica del mismo, es decir de la potencia térmica que precisa para mantener las condiciones de confort. Se precisa conocer su:

Situación. Características del local. Ocupación. Uso.

El proceso de **cálculo de la carga térmica** de un local puede hacerse de forma más o menos precisa, generalmente según la importancia de la instalación, o el compromiso de funcionamiento requerido.

Cálculo pro superficie y factor según uso.

Cálculo por hoja de cargas simple.

Calculo por hoja de cargas completa.

ANEXO
Hojas de datos

Condiciones interiores según norma europea

Tipo de edificio o local	Vestimenta		Actividad	Ocupación	Categoría	Temperatura Efectiva o Temperatura Operativa		Velocidad media del aire en la zona ocupada		Nivel de presión sonora	Caudal de Ventilación requerido	Ventilación adicional cuando hay un 20% de fumadores
	Verano	Invierno				Verano	Invierno	Verano	Invierno			
	clo	clo	met	Pers/m²		°C	°C	m/s	m/s	dB(A)	L/(s · m²)	L/(s · m²)
Despachos	0,5	1,0	1,2	0,1	A B C	24,5±0,5 24,5±1,5 24,5±2,5	22,0±1,0 22,0±2,0 22,0±3,0	0,18 0,22 0,25	0,15 0,18 0,21	30 35 40	2,0 1,4 0,8	— — —
Oficinas diáfanas	0,5	1,0	1,2	0,07	A B C	24,5±0,5 24,5±1,5 24,5±2,5	22,0±1,0 22,0±2,0 22,0±3,0	0,18 0,22 0,25	0,15 0,18 0,21	35 40 45	1,7 1,2 0,7	0,7 0,5 0,3
Salones de actos	0,5	1,0	1,2	0,5	A B C	24,5±0,5 24,5±1,5 24,5±2,5	22,0±1,0 22,0±2,0 22,0±3,0	0,18 0,22 0,25	0,15 0,18 0,21	30 35 40	6,0 4,2 2,4	5,0 3,6 2,0
Auditorios	0,5	1,0	1,2	1,5	A B C	24,5±0,5 24,5±1,5 24,5±2,5	22,0±1,0 22,0±2,0 22,0±3,0	0,18 0,22 0,25	0,15 0,18 0,21	30 33 35	16 11,0 6,4	— — —
Cafeterías y restaurantes	0,5	1,0	1,4	0,7	A B C	23,5±1,0 23,5±2,0 23,5±3,0	20,0±1,0 20,0±2,5 20,0±3,5	0,16 0,20 0,24	0,13 0,16 0,19	35 45 50	8,0 5,7 3,2	— 5,0 2,8
Aulas	0,5	1,0	1,2	0,5	A B C	24,5±0,5 24,5±1,5 24,5±2,5	22,0±1,0 22,0±2,0 22,0±3,0	0,18 0,22 0,25	0,15 0,18 0,21	30 35 40	6,0 4,2 2,4	— — —
Jardines de infancia	0,5	1,0	1,4	0,5	A B C	23,5±1,0 23,5±2,5 23,5±3,5	20,0±1,0 20,0±2,5 20,0±3,5	0,16 0,20 0,24	0,13 0,16 0,19	30 40 50	7,6 5,0 2,8	— — —
Grandes almacenes	0,5	1,0	1,6	0,15	A B C	23,0±1,0 23,0±2,0 23,0±3,0	19,0±1,5 19,0±3,0 19,0±4,0	0,16 0,20 0,23	0,13 0,15 0,18	40 45 50	3,5 2,5 1,4	— — —

Diferencias admisibles de la Temperatura T(BS) del aire del local, medidas verticalmente (a 1,1 m y 0,1 m del suelo) a nivel de cabeza y tobillos del usuario sentado

Categoría	Diferencias de T(BS) = ΔT (°C)
A	< 2
B	< 3
C	< 4

Rangos de variación admisibles de la Temperatura Superficial T(S) del suelo del local

Categoría	Rango de variación (°C) de T(S) °C
A	19-29
B	19-29
C	17-31

Asimetrías admisibles de la Temperatura Radiante T(R) de los paramentos del local

Categoría	Δ T(R) °C del paramento			
	Techo caliente	Pared fría	Techo frío	Pared caliente
A	< 5	< 10	< 14	< 23
B	< 5	< 10	< 14	< 23
C	< 7	< 13	< 18	< 35

282

Condiciones interiores recomendadas

CONDICIONES AMBIENTALES DE CONFORT EN LA ZONA DE OCUPACIÓN DE LOCALES

	ACEPTABLES	*IDEALES*
1) Temperatura	18°C – 27°C	23° ± 2°C
2) H. Relativa	30% - 80%	50% HR ± 5%

RITE I.T.02.2	*INVIERNO*	*VERANO*	*HIGIENE Y SEGUR. EN EL TRABAJO*
1) Temperatura (to.)	20 / 22°C	23 / 25°C	Sedentario 17 / 22°C
2) H. Relativa	40 / 60% H.R.	40 / 60 H.R.	Esfuerzo 12 / 15°C
3) V.Aire	0.15 / 0.20 m/s	0.18 / 0.24 m/s	40 / 60% H.R.

Temperatura operativa (to): Solo considera las transferencias de calor sensible.

$$to = \frac{hr\,tr + hc\,ta}{hr + hc} = \frac{tr + ta}{2}$$

tr= temperatura media radiante de los cerramientos

ta= temperatura seca del aire

h = coef. de transferencia termica superficial en funcion de la vestimenta

hr= para magnitudes radiantes (4,7 w/m² °C)

hc= para magnitudes convectivas (3/6 w/m² °C)

Condiciones exteriores recomendadas

CONDICIONES EXTERIORES A ADOPTAR EN EL CÁLCULO DE LA CARGA DE VERANO

LOCALIDAD	Temper. seca °C BS	Temper. Humeda °C BH	Oscilac. Media día OMD	Oscilac. Media año OMA	LOCALIDAD	Temper. seca °C BS	Temper. Humeda °C BH	Oscilac. Media día OMD	Oscilac. Media año OMA
Albacete	34	22	16	39	Madrid	34	21	16	40
Alicante	31	23	10	29	Malaga	32	22	10	29
Almeria	30	24	8	25	Murica	36	29	14	37
Avila	30	20	17	36	Orense	33	25	9	36
Badajoz	38	28	17	39	Oviedo	26	20	9	26
Barcelona	29	24	9	29	Palencia	30	21	16	36
Bilbao	30	22	11	31	Palma de Mallorca	31	24	12	30
Burgos	30	20	14	37	Pamplona	32	24	12	37
Caceres	36	21	14	36	Pontevedra	27	22	12	27
Cadiz	32	25	12	32	Salamanca	32	20	16	38
Castellón	29	23	9	29	San Sebastian	22	19	7	23
Ciudad Real	35	24	18	40	Sta. Cruz de Tfe.	22	17	8	22
Córdoba	38	24	18	40	Santander	25	20	6	28
Cuenca	33	25	18	40	Santiago	28	21	11	29
Gerona	33	26	10	36	Segovia	33	21	17	39
Granada	36	27	18	38	Sevilla	37	24	16	38
Guadalajara	34	23	15	38	Soria	29	20	18	36
Huelva	31	24	14	30	Tarragona	26	23	7	25
Huesca	31	27	15	36	Teruel	32	19	17	38
Jaen	36	24	14	36	Toledo	34	22	16	38
La Coruna	24	19	7	22	Valencia	31	23	11	31
Las Palmas	28	23	6	16	Valladolid	32	19	15	37
León	28	20	16	34	Vigo	27	22	10	27
Lerida	33	24	14	38	Vitoria	26	22	13	30
Logroño	32	21	13	36	Zamora	32	26	18	38
Lugo	26	22	14	28	Zaragoza	34	22	13	39

Caudales de aire de ventilación

2.5	CAUDALES DE AIRE INTERIOR MINIMO DE VENTILACION (SEGÚN NORMA UNE 100011)-			
Tipo de local	Caudales de aire exterior en l/s por unidad			
	Por persona	*Por m2*	*Por local*	*Otros*
Almacenes		0,75 a 3		
Aparcamientos		5		
Archivos		0.25		
Aseos públicos (1)				25 (12)
Aseos individuales			15	
Auditorios	8			
Aulas	8			
Autopsia		2.5		
Bares	12	12		
Cafeterías	15	15		
Canchas para el deporte		2.5		
Comedores	10	6		
Cocinas (2) (3)	8	2		
Descanso, Salas de	20	15		
Dormitorios colectivos	8	1.5		
Escenarios	8	6		
Espera y recepción (Salas)	8	4		
Estudios Fotográficos		2.5		
Exposiciones (Salas de)	8	4		
Salas de fiestas	15	15		
Sala de fisioterapia	10	1.5		
Gimnasios	12	4		
Gradas de recintos deportivos	8	12		
Grandes almacenes (14)	8	2		
Habitaciones de hotel			15	
Habitaciones de hospital	15			
Imprentas, reproducción y planos		2.5		
Salas de juegos	12	10		
Laboratorios (6)	10	3		
Lavanderías industriales (1)(3)	15	5		
Vestíbulos	10	15		
Oficinas	10	1		
Paseos de centros comerciales		1		
Pasillos (15)				
Piscinas (7)		2.5		
Quirófanos y anexos	15	3		
Salas de reuniones	10	5		
Salas de recuperación	10	1.5		
Supermercados (14)	8	1.5		
Talleres:				
- En general	30	3		
- En centros docentes	10	3		
- De reparación automática (5)		7.5		
Templos para culto	8			
Tiendas:				
En general	10	0.75		
De animales (11)	-	5		
Especiales (10)	-	2		
UVIS (9)	10	1.5		
Vestuarios (8)		2.5		10 (13)

(*) Notas de la norma que se ven en cada caso.

Calores emitidos por las personas

Tabla 02.2.1- Actividad metabólica		sensible	latente	
ACTIVIDAD		W	W	met
durmiendo		50	25	0,76
tumbado		55	30	0,86
sentado, sin trabajar		65	35	1,0
de pie, relajado		75	55	1,3
paseando		75	70	1,5
andando	a 1,6 km/h	50	110	1,6
	a 3,2 km/h	80	130	2,1
	a 4,8 km/h	110	180	2,9
	a 6,4 km/h	150	270	4,2
bailando moderadamente		90	160	2,5
atlética en gimnasio (hombres)		210	315	5,0
deporte de equipo masculino (valor medio)		290	430	6,9
trabajos:				
muy ligero, sentado		70	45	1,2
moderado (en oficinas; valor medio)		75	55	1,3
sedentario (restaurante, incluidas comidas)		80	80	-
ligera de pie (industria ligera, de compras etc.)		70	90	1,6
media de pie (trabajos domésticos, tiendas etc.)		80	120	2,0
manual		80	140	2,1
ligero (en fábrica; sólo hombres)		110	185	2,8
pesado (en fábrica; sólo hombres)		170	255	4,0
muy pesado (en fábrica; sólo hombres)		185	285	4,5

Nota importante: el 55% aproximadamente del calor sensible se emite en forma de calor radiante y como tal debe tratarse para el cálculo de la carga térmica de un local

LABORATORIO

1. Calcular a carga térmica de la vivienda de cada alumno:
   - Realizar un croquis tomando medidas de cada cuarto, situando las puertas y ventanas.
   - Anotar las paredes que son exteriores y su composición aproximada.
   - Indicar el Norte.
   - Calcular las estancias siguientes: salón, recibidor-pasillo, habitaciones.
2. Calcular el total de la vivienda suponiendo que no existan tabiques interiores.
3. Calcular la carga térmica del Aula Taller.
4. En el plano del restaurante de las hojas al final del tema, calcular su carga térmica suponiendo una ocupación de 300 personas.
5. En el plano del salón de actos siguiente calcular la carga térmica con la hoja de cargas completa.

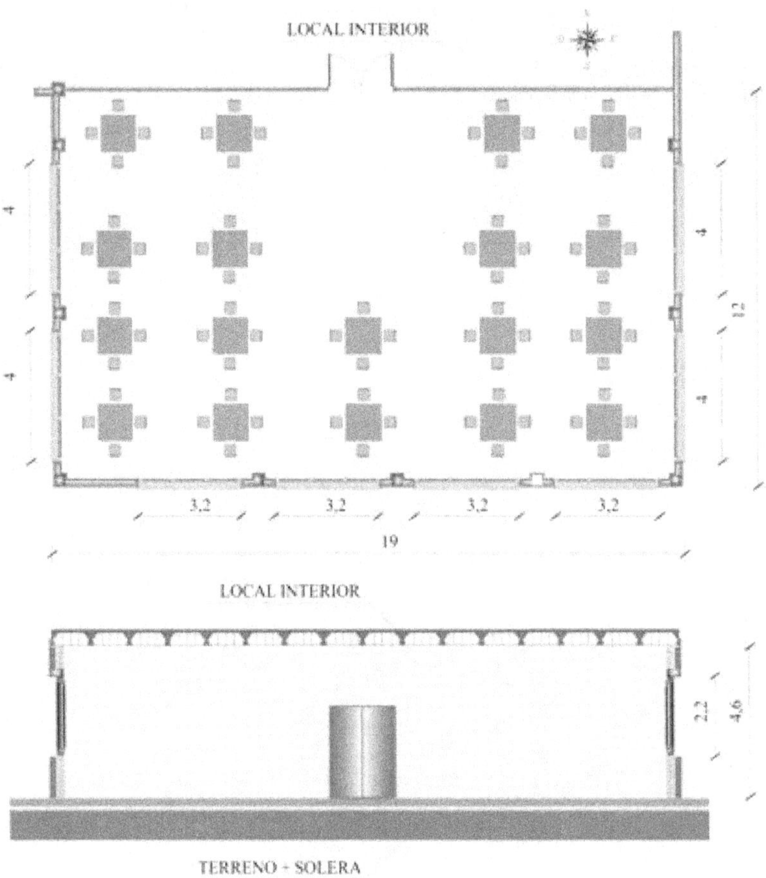

Plano de un restaurante

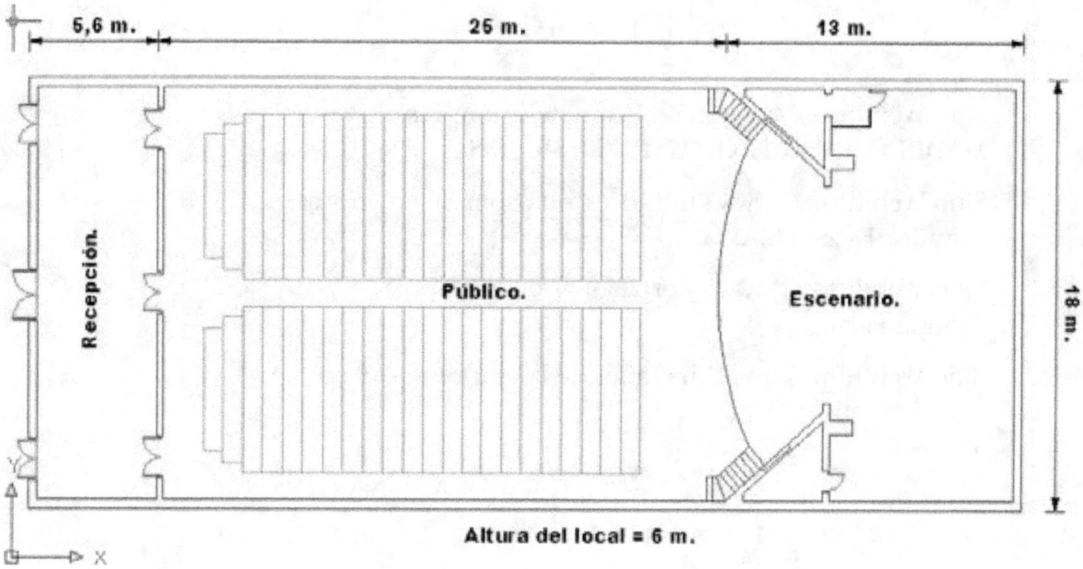

Plano de un salon de actos

BIBLIOGRAFÍA

Sitio Web http://www.madel.com de la empresa
MADEL AIR TECHNICAL DIFFUSION, S.A.

Sitio Web http://www.salvadorescoda.com de la empresa
Salvador Escoda S.A.

Sitio Web http://www.solerpalau.es de la empresa
Soler & Palau.

Sitio Web http://www.airsum.es de la empresa Airsum S.A.

www.ingramcontent.com/pod-product-compliance
Lightning Source LLC
Chambersburg PA
CBHW082324220526
45470CB00008B/2390
* 9 7 8 1 9 7 8 4 2 9 3 4 5 *